普通高等教育"十四五"规划教材

冶金工业出版社

机械设计基础实验教程

赵 磊　王飞雁　主编

北 京
冶金工业出版社
2023

内 容 提 要

本书融合了机械设计的实用实验技术，包括现代测试技术、常用传感器、信号处理技术、实验数据处理等方面的相关内容，按照"新工科"教育要求，为适应培养具有高素质多元化创新型技术人才的要求，纳入了实验装置研制实践，在实验种类设置上分列了认知性实验、验证性实验、综合性实验、创新性实验四个部分。在知识结构上，以实验内容引入实验原理，以知识原理启发实验环节。理论联系实际，突出实验技术课程的实践性质，在开展实验的同时，培养并提高学生的"家国情怀"。

本书可作为大专院校机械设计等专业及职业培训实验教材，也可供相关教师、实验室工作人员及工程技术人员参考。

图书在版编目（CIP）数据

机械设计基础实验教程/赵磊，王飞雁主编. —北京：冶金工业出版社，2023.3

普通高等教育"十四五"规划教材

ISBN 978-7-5024-9418-6

Ⅰ.①机… Ⅱ.①赵… ②王… Ⅲ.①机械设计—实验—高等学校—教材 Ⅳ.①TH122-33

中国国家版本馆 CIP 数据核字（2023）第 033881 号

机械设计基础实验教程

出版发行	冶金工业出版社	**电 话**	(010)64027926
地 址	北京市东城区嵩祝院北巷 39 号	**邮 编**	100009
网 址	www.mip1953.com	**电子信箱**	service@mip1953.com

责任编辑 任咏玉 杨 敏 美术编辑 吕欣童 版式设计 郑小利
责任校对 范天娇 责任印制 窦 唯
北京印刷集团有限责任公司印刷
2023 年 3 月第 1 版，2023 年 3 月第 1 次印刷
787mm×1092mm 1/16；7.75 印张；187 千字；118 页
定价 39.00 元

投稿电话 (010)64027932 投稿信箱 tougao@cnmip.com.cn
营销中心电话 (010)64044283
冶金工业出版社天猫旗舰店 yjgycbs.tmall.com
（本书如有印装质量问题，本社营销中心负责退换）

前　言

本书是根据教育部高等学校机械基础课程教学指导分委员会发布的"机械原理课程教学基本要求"和"机械设计课程教学基本要求"（2009年），结合当前实验教学改革和机械类创新人才培养的要求，总结近几年实验教学实践的经验，在南京理工大学机械设计教研室制定的实验指导书的基础上编写而成的，南京理工大学机械工程实验教学中心是江苏省实验教学示范中心。本书适用于高等工科院校机械类与近机类各专业中机械原理与机械设计基础课程实验教学。

本书分为五章，第一章为测试技术基础，主要介绍了测试原理与测试基本要素。第二章为机械认知实验，包括典型机构及机构组成认知实验，典型机械零部件认知实验，典型机械结构分析实验，闹钟装拆结构分析。第三章为验证性实验，包括机构运动简图测绘和结构分析实验，齿轮范成原理实验，刚性转子动平衡实验，三角胶带传动实验，流体动压轴承实验。第四章为综合性实验，包括机构运动参数测定和分析实验，精密齿轮传动系统的精度实验，机械传动综合性能测试实验。第五章为创新性、设计性实验，包括机构运动方案搭建及创新设计实验，机构的运动仿真及参数化设计，轴系组合结构的搭建及创新设计实验，机器人和机电系统创新搭建实验。教师或者学生可以根据需要和实验室条件选择合适的实验项目进行实验。

本书由赵磊、王飞雁主编，参编人员有宋梅利、祖莉、梁医、张龙、王艳荣等，研究生有王康、先苏杰等，全书由范元勋总审。另外，本书在编写过程中，得到了许多同事的帮助，在此表示衷心的感谢。

由于编者水平有限，书中不妥之处，恳请广大读者提出宝贵意见。

编　者

2022年10月　于南京理工大学致知楼

目　　录

第一章　测试技术基础 ……………………………………………………… 1

　第一节　概论 …………………………………………………………… 1
　第二节　模拟信号与数字信号 ………………………………………… 2
　第三节　常用传感器及使用方法 ……………………………………… 3
　　一、位移传感器 ……………………………………………………… 3
　　二、速度传感器 ……………………………………………………… 3
　　三、加速度传感器 …………………………………………………… 4
　　四、力传感器 ………………………………………………………… 4
　　五、转矩转速传感器 ………………………………………………… 4
　第四节　实验数据处理及分析方法 …………………………………… 5
　　一、列表法 …………………………………………………………… 5
　　二、作图法 …………………………………………………………… 6
　　三、图解法 …………………………………………………………… 6

第二章　机械认知实验 …………………………………………………… 7

　第一节　典型机构及机构组成认知实验 ……………………………… 7
　第二节　典型机械零部件认知实验 …………………………………… 14
　第三节　典型机械结构分析实验 ……………………………………… 17
　　一、自动包装机结构拆装与分析实验 ……………………………… 17
　　二、典型机床结构拆装与分析实验 ………………………………… 19
　　三、其他机械系统结构拆装与分析实验 …………………………… 22
　第四节　闹钟拆装结构分析实验 ……………………………………… 25

第三章　验证性实验 ……………………………………………………… 31

　第一节　机构运动简图测绘和结构分析实验 ………………………… 31
　第二节　齿轮范成原理实验 …………………………………………… 36
　第三节　刚性转子动平衡实验 ………………………………………… 40
　第四节　三角胶带传动实验 …………………………………………… 46
　第五节　流体动压轴承实验 …………………………………………… 53

第四章　综合性实验 ……………………………………………………… 67

　第一节　机构运动参数测定和分析实验 ……………………………… 67

　第二节　精密齿轮传动系统的精度实验 ……………………………………………… 72

　第三节　机械传动综合性能测试实验 ……………………………………………… 76

第五章　创新性、设计性实验 ……………………………………………………… 87

　第一节　机构运动方案搭建及创新设计实验 ……………………………………… 87

　第二节　机构的运动仿真及参数化设计 …………………………………………… 95

　第三节　轴系组合结构的搭建及创新设计实验 ………………………………… 96

　第四节　机器人和机电系统创新搭建实验 ……………………………………… 104

附录 ……………………………………………………………………………………… 110

　附录一　部分参考机构运动方案和设计要求 ………………………………… 110

　附录二　机构的建模、仿真和参数化设计的实例介绍铸锭送料机构 ………… 116

参考文献 ………………………………………………………………………………… 118

第一章　测试技术基础

第一节　概　　论

测试技术包括测量和试验两个方面。在现代的科学研究和生产活动中，需要了解研究对象的状态、特征及其变化规律，有时甚至需要对它们做出客观而准确的定量描述，这些都离不开测试工作。

现代测试技术的一个明显特点是采用电测法，即电测非电量。本书讲述的主要是和电测法有关的内容，所以这里的测试（量）系统就是指电测试（量）系统，除特别声明外，本书后续章节中的某些词语亦应按此理解。测试系统可以理解成能实现对某一物理量进行测量的、由多个环节组成的测试装置。为了更好地了解测试技术的内容、特点以及它的地位和作用，下面首先介绍测试系统的一般组成。

测试中，首先将被测物理量从研究对象中检出并转换成电量，然后再根据需要对变换后的电信号进行某些处理，最后以适当的形式输出。信号的这种传输过程决定了测试系统的基本组成和它们的相互关系。

一般来说，输入装置、中间变换装置和输出装置是一个测试系统的三个基本组成部分，如图 1-1 所示。

$$\boxed{\text{输入装置}} \longrightarrow \boxed{\text{中间变换装置}} \longrightarrow \boxed{\text{输出装置}}$$

图 1-1　测试系统基本构成

组成输入装置的关键部件是传感器。传感器是将诸如力、应变、加速度、压力、流量、温度、噪声等非电量转换成电量的装置。简单的传感器可能只由一个敏感元件组成，例如测量温度的热电偶传感器。复杂的传感器可能包括敏感元件、弹性元件，甚至变换电路，有些智能传感器还包括微处理器。传感器与被测对象直接相连，它位于整个测量系统的最前沿，是信号的直接采集者。因此，传感器性能的好坏对测试结果的影响至关重要。

中间变换装置根据不同情况有很大的差异。在简单的测试系统中，中间变换装置可能被完全省略，传感器的输出信息被直接进行显示或记录。例如，在由热电偶（传感器）和毫伏计（指示仪表）构成的测温系统中，就没有中间变换装置。就大多数测试系统而言，信号的变换，包括放大、调制和解调、滤波等是必不可少的。功能强大的测试系统往往还要将计算机作为一个中间变换（装置）环节，以实现诸如波形存储、数据采集、非线性校正和消除系统误差等功能。远距离测量时，还要有数据传输装置。

输出装置也有不同的种类，常见的有各种指示仪表、记录仪、显示器等。按输入这些仪器、仪表的信号的不同，可以分为模拟的或是数字的输出装置。

实际测试中，由于被测信号的大小、随时间变化的快慢不同和对测试结果的要求不同，组成的测试系统在繁简程度和中间环节的多少上是有很大差别的。按被测参量的不同，测试系统可分为压力测试系统、振动测试系统、噪声测试系统等；按信号的传输形式不同，测试系统又可分为模拟测试系统和数字测试系统等。

测试技术的主要任务，就是利用测量系统或装置，精确地测量出各种被测物理量或被测参量。一般地说，被测参量有三个特征，即物理特征、量值特征和时变特征，分别反映被测参量的物理性质、量值大小和随时间变化的情况。能否足够精确地完成一次测量，除和测量装置的特性有关外，和被测参量的这三个特征也是密切相关的。被测参量的物理性质、数值大小对测量的影响较易理解，而被测参量的时变特征对测量的影响较为复杂，本章将首先讲述有关被测参量时变特征的基本概念和理论。

被测参量和信号是常见的两个术语，它们既有关系又有区别。被测信号只涉及被测参量的量值特征和时变特征，而不涉及其物理特征。所以，一般情况下将使用（被测）信号这个术语。

信号可从不同的角度进行分类。例如，按信号波形的形态可分为连续时间信号与离散时间信号，并简称为连续信号与离散信号。连续信号：在所讨论的时间间隔内，对于任意时间值（除若干不连续点之外）都可给出确定的函数值的信号。连续信号的幅值可以是连续的，也可以是离散的（只取某些规定值）。时间和幅值都是连续的信号又称为模拟信号，如图 1-2（a）所示。离散信号：在时间上是离散的，只在某些不连续的规定瞬时给出函数值，而在其他时间没有定义的信号，如图 1-2（b）所示。

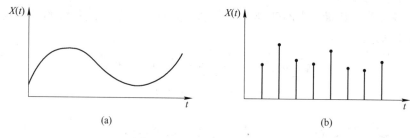

图 1-2　连续信号与离散信号
（a）连续信号；（b）离散信号

第二节　模拟信号与数字信号

模拟信号（analog signal）主要是与离散的数字信号相对的连续信号。模拟信号分布于自然界的各个角落，如每天温度的变化。而数字信号是人为抽象出来的在时间上的不连续信号。电学上的模拟信号主要是指振幅和相位都连续的电信号，此信号可以以类比电路进行各种运算，如放大、相加、相乘等。

数字信号（digital signal）是离散时间信号（discrete-time signal）的数字化表示，通常可由模拟信号（analog signal）获得。

模拟信号与数字信号的联系在于它们都是用来传递信息的，而且在一定条件下，模拟信号可以转换为数字信号传输，数字信号也可以转换为模拟信号。模拟信号与数字信号主要的区别是：模拟信号一般是连续的，而数字信号是离散的。

现代数字技术的普及以及集成电路的发展，从观念上颠覆了传统的测控技术。传统的模拟信号可测，但可控性较差，随着电子技术的发展，高性能的控制核心的出现，使得信号的能控性大大增强，并且可以完成很人性化的人机交互功能。计算机只能处理数字信号，而现实的信号有很多是模拟信号，比如电压、电流等，这些信号只有转换成数字信号，才能输入计算机来处理。

将模拟量转换为数字量的装置称为模–数转换器（简称 A/D 转换器或 ADC）；将数字量转换为模拟量的装置称为数–模转换器（简称 D/A 转换器或 DAC），如图 1-3 所示。

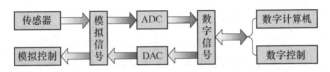

图 1-3　模拟信号与数字信号的转化

第三节　常用传感器及使用方法

一、位移传感器

位移传感器又称为线性传感器，是一种属于金属感应的线性器件。在生产过程中，位移的测量一般分为测量实物尺寸和机械位移两种。按被测变量变换的形式不同，位移传感器可分为模拟式和数字式两种。模拟式又可分为物性型和结构型两种。常用位移传感器以模拟式结构型居多，包括电位器式位移传感器、电感式位移传感器、自整角机、电容式位移传感器、电涡流式位移传感器、霍尔式位移传感器等，部分如图 1-4 所示。

(a)　　　　　　　　　　　　　(b)

图 1-4　位移传感器
（a）直线位移传感器（光栅尺）；（b）角位移传感器

二、速度传感器

单位时间内位移的增量就是速度。速度包括线速度和角速度，与之相对应的就有线速度传感器和角速度传感器，我们都统称为速度传感器。一般情况下旋转运动速度测量较多，而且直线运动速度也经常通过旋转速度间接测量。速度传感器包括光电式、磁电式、霍尔式等类型，如图 1-5 所示。

(a)　　　　　　　　　　(b)　　　　　　　(c)

图 1-5　速度传感器

（a）光电式；（b）磁电式；（c）霍尔式

三、加速度传感器

加速度传感器是一种能够测量加速度的传感器。通常由质量块、阻尼器、弹性元件、敏感元件和适调电路等部分组成。传感器在加速过程中，通过对质量块所受惯性力的测量，利用牛顿第二定律获得加速度值。根据传感器敏感元件的不同，常见的加速度传感器包括电容式、电感式、应变式、压阻式、压电式等类型。压电式加速度传感器如图 1-6 所示，因其体积小、重量轻而应用最为广泛。此外还有更小的 MEMS 加速度传感器等。

图 1-6　压电式加速度传感器

四、力传感器

力传感器是将力的量值转换为相关电信号的器件。力是引起物质运动变化的直接原因。力传感器能检测张力、拉力、压力、重量、扭矩、内应力和应变等力学量。典型的器件有电阻应变式、压电式力传感器等。

电阻应变式力传感器如图 1-7（a）所示。电阻应变片是将被测件上的应变变化转换成为一种电信号的敏感元件，是压阻式应变传感器的主要组成部分之一。电阻应变片应用最多的是金属电阻应变片和半导体应变片两种。金属电阻应变片又有丝状应变片和金属箔状应变片两种。通常是将应变片通过特殊的黏合剂紧密地黏合在产生力学应变基体上，当基体受力发生应力变化时，电阻应变片也一起产生形变，使应变片的阻值发生改变，从而使加在电阻上的电压发生变化。这种应变片在受力时产生的阻值变化通常较小，一般这种应变片都组成应变电桥，并通过后续的仪表放大器进行放大，再传输给处理电路（通常是 A/D 转换和 CPU）显示或执行机构。

压电式力传感器是利用石英晶体的纵向压电效应，将力转换成电荷的变换装置，如图 1-7（b）所示。传感器产生的电荷正比于被测外力，通过电荷放大器将电荷按比例转换成电压，用电压表或其他显示器读出其大小及变化。

五、转矩转速传感器

转矩转速传感器通过弹性轴、两组磁电信号发生器，把被测转矩、转速转换成具有相位差的两组交流电信号，这两组交流电信号的频率相同且与轴的转速成正比，并用来测量转速；而其相位差的变化部分又与被测转矩成正比，故用来测量转矩。两组交流电信号、

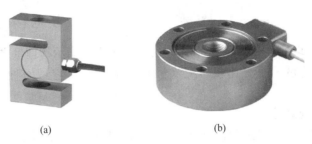

(a)   (b)

图 1-7　力传感器

（a）电阻应变式力传感器；（b）压电式力传感器

TR-1 型转矩转速功率测量仪及 CZ 型磁粉制动器配合使用，可以测量各种旋转机械的转速、转矩、功率以及效率等机械参数。图 1-8 是一种常见的转矩转速传感器。

图 1-8　转矩转速传感器

第四节　实验数据处理及分析方法

机械设计实验中测量得到的数据需要经过处理后才能得到最终结果。对实验数据进行记录、整理、计算、分析、拟合等，从中获得实验结果和寻找物理量变化规律或经验公式的过程就是数据处理。它是实验方法的一个重要组成部分，是实验课的基本训练内容。实验数据主要采用列表法、作图法、图解法、逐差法和最小二乘法等进行处理。

一、列表法

列表法就是将一组实验数据和计算的中间数据依据一定的形式和顺序列成表格。列表法的优点是可以简单明确地表示出物理量之间的对应关系，便于分析和发现资料的规律性，也有助于检查和发现实验中的问题。设计记录表格时要做到：

（1）表格设计要合理，以利于记录、检查、运算和分析。

（2）表格中涉及的各物理量，其符号、单位及量值的数量级均要表示清楚。但不要把单位写在数字后；表中数据要正确反映测量结果的有效数字和不确定度。

（3）除原始数据外，计算过程中的一些中间结果和最后结果也可以列入表格中。

（4）表格要加上必要的说明。实验室所给的数据或查得的单项数据应列在表格的上部，说明写在表格的下部。

二、作图法

作图法是在坐标纸上用图线表示物理量之间的关系，揭示物理量之间的联系。作图法具有简明、形象、直观、便于比较研究实验结果等优点，它是一种最常用的数据处理方法。

作图法的基本规则是：

（1）根据函数关系选择适当的坐标纸（如直角坐标纸，单对数坐标纸，双对数坐标纸，极坐标纸等）和比例，画出坐标轴，标明物理量符号、单位和刻度值，并写明测试条件。

（2）坐标的原点不一定是变量的零点，可根据测试范围加以选择。坐标分格最好使最低数字的一个单位可靠数与坐标最小分度相当。纵横坐标比例要恰当，以使图线居中。

（3）描点和连线。根据测量数据，用直尺和笔尖使其函数对应的实验点准确地落在相应的位置。一张图纸上画上几条实验曲线时，每条图线应用不同的标记，如"+""×""·""Δ"等符号标出，以免混淆。连线时，要顾及数据点，使曲线呈光滑曲线（含直线），并使数据点均匀分布在曲线（直线）的两侧，且尽量贴近曲线。个别偏离过大的点要重新审核，属过失误差的应剔除。

（4）标明图名，即作好实验图线后，应在图纸下方或空白的明显位置处，写上图的名称、作者和作图日期，有时还要附上简单的说明，如实验条件等，使读者一目了然。作图时，一般将纵轴代表的物理量写在前面，横轴代表的物理量写在后面，中间用"～"联接。

（5）最后将图纸贴在实验报告的适当位置，便于教师批阅实验报告。

三、图解法

在物理实验中，实验图线作出以后，可以由图线求出经验公式。图解法就是根据实验数据作好的图线，用解析法找出相应的函数形式。实验中经常遇到的图线是直线、抛物线、双曲线、指数曲线、对数曲线。特别是当图线是直线时，采用此方法更为方便。当前，有很多成熟且功能强大的科技绘图软件可以很便捷地进行作图并分析，如 Origin。由实验图线建立经验公式的一般步骤：

（1）根据解析几何知识判断图线的类型；

（2）由图线的类型判断公式的可能特点；

（3）利用半对数、对数或倒数坐标纸，把原曲线改为直线；

（4）确定常数，建立起经验公式的形式，并用实验数据来检验所得公式的准确程度。

第二章 机械认知实验

机械设计基础认知实验是运用机械原理对现有机械装置进行分析的再认识过程。本章中的认知实验包含典型机构及机构组成认知实验、典型机械零部件认知实验、典型机械结构分析实验、闹钟拆装结构分析实验。

第一节 典型机构及机构组成认知实验

（一）实验目的

（1）了解常用典型机构的类型、名称、结构特点及应用。

（2）了解机构的组成及运动传递情况。

（3）了解常用机构的演化形式及应用。

（4）初步了解机器的组成原理，形成对机器与机构关系的感性认识。

（二）实验内容

（1）根据机构陈列柜的内容，介绍各种常用基本机构类型、名称和结构特点。

（2）通过对典型机构的演示，了解各种机构的运动传递形式及应用。

（3）了解机构的一些常用演化形式和一些新型机构的类型。

（4）了解典型机器中的机构形式。

（三）实验原理

根据机械原理陈列柜的顺序依次介绍机构的分类和各种常用机构的形式、名称和结构特点。（1）简要介绍机器与机构的关系，介绍机构的分类方法，介绍构件和运动副的种类等；（2）介绍平面连杆机构，包括铰链四杆机构的基本形式，铰链四杆机构的各种演化形式，平面多杆机构，连杆机构运动轨迹和连杆曲线，平面连杆机构的应用等；（3）介绍凸轮机构，包括凸轮机构的基本形式，平面凸轮机构和空间凸轮机构的常用形式；（4）介绍齿轮机构，包括齿轮机构的分类，按轴线位置、按齿形和按照瞬时传动比，各种齿轮机构的特点和应用，齿轮和齿轮机构的主要参数，齿轮的加工方法和加工刀具等；（5）介绍轮系机构，包括定轴轮系、差动轮系和行星轮系的特点和应用，其他新型齿轮传动系统形式和特点；（6）介绍其他常用机构，包括间歇运动机构，如槽轮机构，棘轮机构，不完全齿轮机构和凸轮间歇运动机构，其他常用机构等；（7）介绍组合机构，包括常用的各种组合机构形式，如串联组合、并联组合、混联组合、反馈组合和叠加组合等；（8）介绍空间连杆机构，包括空间运动副和空间机构，串联机器人机构和并联机器人机构等。

在此基础上演示各种常用典型机构、新型机构和机器人机构的模型，了解机构的运动传递和结构特点。

（四）实验仪器设备和工具

（1）机械原理陈列柜共 10 个，部分陈列柜如图 2-1 所示。

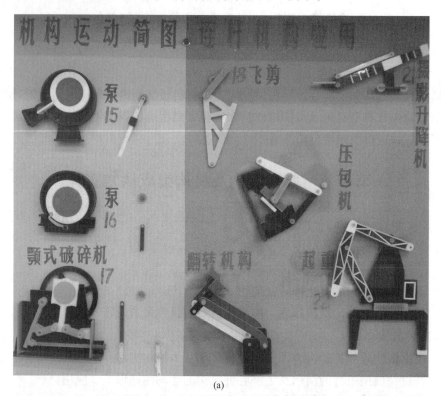

(a)

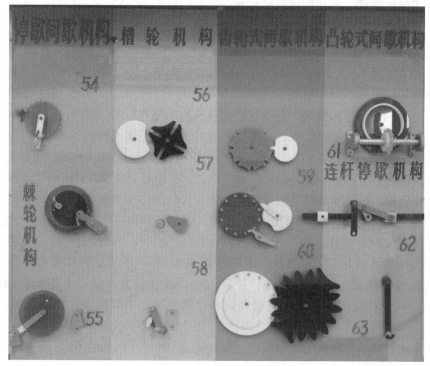

(b)

(c)

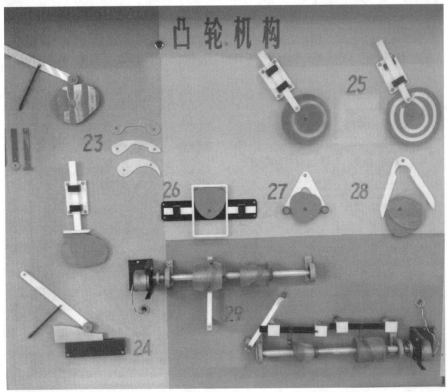

(d)

(e)

图 2-1   机械原理陈列柜部分图示

（a）连杆机构示例；（b）轮系机构示例；（c）组合机构示例；（d）凸轮机构示例；（e）齿轮机构示例

（2）各种常用典型机构模型，部分典型机构模型如图 2-2 所示。

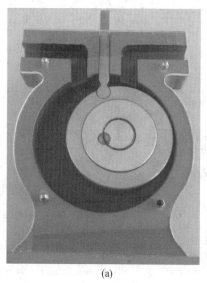

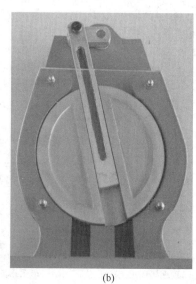

(a)   (b)

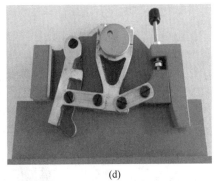

(c) (d)

(e) (f)

图 2-2　部分典型机构模型

（a）曲柄滑块机构；（b）曲柄摇块机构；（c）牛头刨机构；
（d）碎石机机构；（e）刹车机构；（f）抛光机机构

（3）具有各种典型机构的机械装置，部分机械装置如图 2-3 所示。

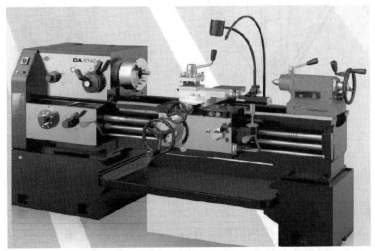

(a)

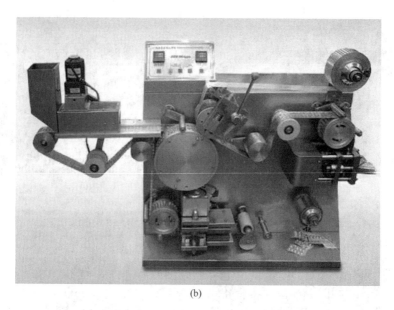

(b)

图 2-3　部分具有典型机构的机械装置

（a）车床；（b）包装机

（4）典型并联机器人机构和串联机器人机构，如图 2-4 所示。

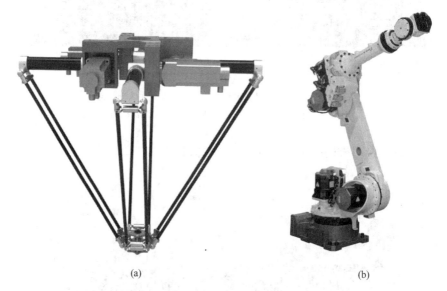

(a)   (b)

图 2-4　并联机器人与串联机器人

（a）并联机器人；（b）串联机器人

（5）卡尺、直尺、卷尺及铅笔。

（五）实验步骤及注意事项

（1）观察陈列柜中各种类型的机构，并认真看介绍和听老师的讲解，了解运动副和常用基本机构是如何分类的，了解常用基本机构的组成及特点。

（2）观察典型机构模型的结构特点和运动特点，观察机构运动是如何传递的，运动形式是如何转换的。

（3）了解间歇运动机构的类型，观察其运动，了解各种间歇运动机构的特点。

（4）观察和分析在现代机械装置中常用哪些机构，这些机构有哪些特点？

（5）观察和分析在内燃机、机床、缝纫机、健身机械、包装机械等机械装置中所用机构的形式。

（6）观察工业机器人中所用的机构形式及特点。

（7）注意观察与比较各种类型机构的运动副特点、相对运动特点和结构特点，注意机构之间的区别与联系。

（8）注意按照老师的要求观察机构和对机构进行操作，不要用手触动陈列柜中机构，机构模型操作演示以后放回原处。对于实际的机械装置要在老师指导下按规定的步骤操作。

（六）实验报告

完成实验报告并回答下列思考题：

（1）运动副有哪些形式，运动副是如何分类的？

（2）常用机构有哪些类型，哪些平面连杆机构是基本形式，哪些是由基本形式演化而来的？

（3）如何根据运动传递和变换的形式不同要求选择合适的机构类型？

（4）间歇运动机构有哪些类型，各有什么特点，常应用哪些工作场合？

（5）凸轮机构有哪些形式，平面凸轮机构和空间凸轮机构各有什么特点？

（6）齿轮机构有哪些形式，轮系是怎么分类的，有哪些新型齿轮传动机构，它们有什么特点？

（7）工业机器人中的机构有哪些类型，它们各有什么特点？

第二节　典型机械零部件认知实验

（一）实验目的

（1）了解机械中常用的各种典型机械联接零件、传动零件，和功能部件的类型、结构。

（2）了解和掌握典型机械零部件的工作原理及特点。

（3）了解和掌握各种典型机械零部件在工程中的具体应用。

（二）实验内容

（1）通过机械零件陈列柜，了解典型机械零部件的分类和特点。

（2）对典型的联接零部件、传动零部件、支承零部件、其他功能部件和新型机械零部件进行结构拆装分析，了解其结构特点和工作原理，了解其主要性能参数，画出典型零部件的结构图。

（3）通过实例分析，了解各种典型机械零部件在机械工程领域的实际应用，及在应用过程中的注意事项等。

（三）实验原理

（1）根据典型零部件的类型，了解对该类零部件的功能和设计要求。

（2）通过对典型机械零部件的拆装和结构分析，了解其结构特点和如何实现零部件的功能。

（3）通过对典型机械零部件的参数测绘及分析，了解典型零部件的主要参数及性能，基本了解典型零部件的选用方法。

（4）通过对典型零部件的应用实例分析，了解的典型零部件在机械装置中的实际应用及注意事项，了解零部件在各种机械装置上的安装和联接方式等。

（四）实验仪器设备和工具

（1）机械零部件陈列柜。包括各种可拆装机械联接零部件（螺纹联接、键和花键联接、销联接等）、传动零部件（带传动、链传动、螺旋传动、齿轮传动、蜗杆传动、间歇传动和其他传动等）、支承零部件（轴、滑动轴承、滚动轴承、典型轴系结构等）、功能部件（联轴器、离合器和制动器、导轨副等），部分示例如图 2-5 所示。

(a)

(b)

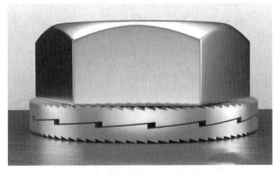

(c)

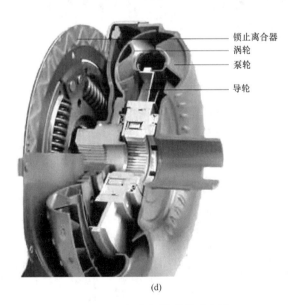

锁止离合器
涡轮
泵轮
导轮

(d)

图 2-5　部分机械零件示意图

（a）蜗轮蜗杆；（b）轴的结构；（c）螺纹联接；（d）离合器

（2）扳手、螺丝刀等工具。

（3）卡尺、直尺、卷尺及铅笔。

（五）实验步骤

（1）参观机械零件陈列柜，了解典型机械零部件的分类和特点。

（2）对典型的联接零部件、传动零部件、支承零部件、其他功能部件和新型机械零部件进行结构拆装分析，并测绘其尺寸参数。

（3）了解其结构特点和工作原理，画出典型零部件的结构图。

（4）通过实例分析，了解各种典型机械零部件在机械工程领域的实际应用，及其在应用过程中的注意事项等。

（六）实验报告

（1）完成实验报告。

（2）写出典型的零部件的特点和工作原理。

（3）绘制典型零部件的零件图。

第三节　典型机械结构分析实验

一、自动包装机结构拆装与分析实验

（一）实验目的

（1）了解自动包装机各部件的结构、工作原理，并分析其结构工艺性。

（2）熟悉自动包装机各部件的拆装和调整过程。

（3）对自动包装机各部件的关键结构进行改进设计。

（二）实验内容

（1）了解上料机构及其传动装置的工作原理和结构。

（2）了解传动装置的动力传递路线，画出其传动系统简图，计算其传动比。

（3）观察、了解传动装置附属零件的用途，结构安装位置的要求。

（4）测量上料机构各构件的主要运动尺寸，画出机构运动简图。

（5）观察、了解吸塑辊部件的吸塑原理及运动过程，测量主要尺寸，并画出简图。

（6）观察、了解槽轮机构及其传动装置的结构组成、工作原理，测量机构主要尺寸。

（7）观察、了解吸塑辊传动装置，计算总传动比，测量主要尺寸。

（8）观察、了解自动包装机总传动装置，思考传动装置的布置方案，计算各传动路线的总传动比。

（三）实验原理

DPT130 或 DPT70 泡罩自动包装机，结构如图 2-6 所示，该设备是小辊式铝塑泡罩包装机。

（1）包装机的结构示意图，包装机工作原理及功能介绍。

(a)

(b)

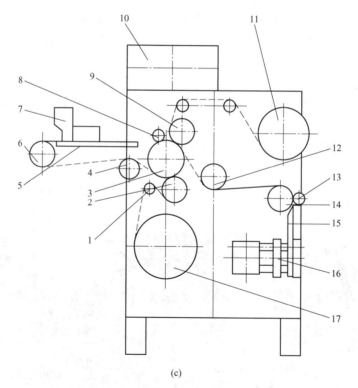

(c)

图 2-6 泡罩自动包装机

（a）包装机正面；（b）包装机背面传动结构；（c）包装机传动

1—小导辊；2—内加热辊；3—吸塑辊；4—中导辊；5—充填平台；6—平台导辊；

7—上料器；8—活动压辊；9—热封辊；10—电控箱；11—PTP 铝箔；12—游动辊；

13—压紧辊；14—进给辊；15—冲裁导向板；16—冲裁机构；17—PVC 硬片

（2）包装机各部分组成、功能及结构特点介绍。

（四）实验所用的工具、设备、仪器（每实验小组）

（1）DPT130 或 DPT70 泡罩包装机各一台。

（2）游标卡尺一把。

（3）活扳手两把。

（4）套筒扳手一套。

（5）钢板尺一把。

（五）实验步骤

（1）接通电源和水源。

（2）充填、成型、打字等部件进行预热。

（3）启动机器，观察各部件的传动和工作过程。

（4）停机，拔掉电源，拆相关部件并测量主要尺寸，记录数据。

（5）安装被拆部件，使机器恢复原样，并开机试机。

（6）切断电源，整理实验桌面。

（六）注意事项

（1）切勿盲目拆装，拆卸前要仔细观察零部件的结构及位置，考虑好拆装顺序，拆下的零部件要统一放在盘中，以免丢失和损坏。

（2）爱护工具、仪器及设备，小心仔细拆装避免损坏。

（七）实验报告

（1）完成实验报告。

（2）回答思考题：

1）吸塑辊的吸塑原理是什么？

2）如何减轻整机的重量？

3）上料机构所用的曲柄摇杆机构，如果增大摇杆摆动行程，该如何设计该机构？

4）该机器采用什么机构实现切纸功能？

5）热封辊的转动采用什么传动类型？

二、典型机床结构拆装与分析实验

（一）实验目的

（1）了解各种机床模型的工作原理，结合教材中《导轨设计》相关章节，熟悉机床中导轨的类型、结构及布置等。

（2）了解各种机床模型的传动原理、装置各部分的装配关系和比例关系。

（3）熟悉各种机床模型的拆装和调整过程。

（二）实验内容

（1）了解各种机床模型的结构。

（2）了解各种机床模型传动系统方案，运动和动力的传动原理和动力传递路线，画出其传动系统简图，画出其工作循环图。

（3）了解各种机床模型导轨的具体结构，画出典型机构的结构图。

（4）观察、了解各种机床模型附属零件的用途，结构安装位置的要求。

（5）测量各种机床模型的主要结构尺寸和装配尺寸，导轨燕尾槽的横截面及纵向尺寸。

（6）了解并分析各种机床模型导轨间隙的调整方式及装置。

（三）实验原理

（1）典型机床的结构示意图（如图 2-7 所示）及其工作原理及功能介绍。

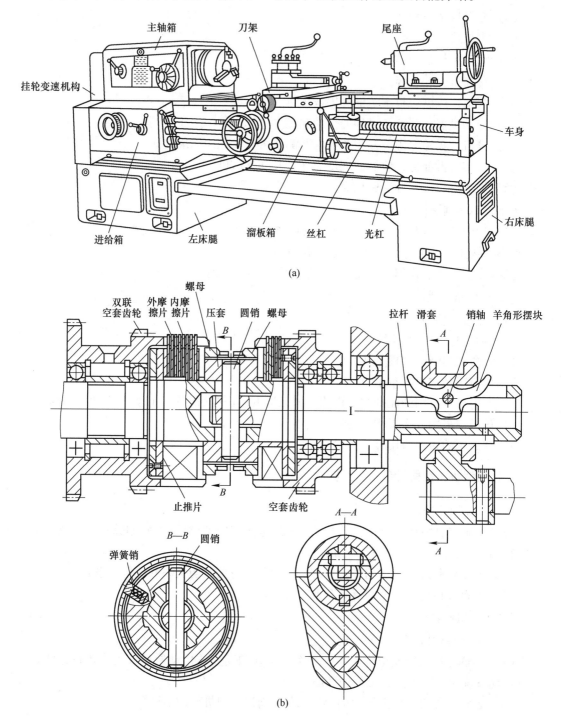

(a)

(b)

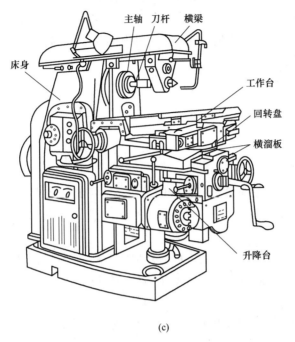

(c)

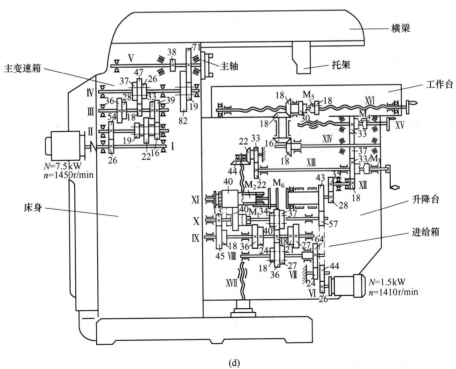

(d)

图 2-7　典型机床的结构示意图

（a）CA6140 车床外形图；（b）车床主轴结构图；（c）X62 铣床外形图；（d）铣床传动结构图

（注：（d）图中阿拉伯数字表示齿轮齿数，Ⅰ～ⅩⅦ表示轴的序号，

$M_1 \sim M_6$ 表示离合器的序号）

（2）典型机床的各部分组成、功能及结构特点介绍。

（四）实验所用的工具、设备、仪器（每实验小组）

（1）车床模型（大、小）、立铣床模型、铣齿机模型、卧铣床模型。

（2）游标卡尺一把。

（3）活扳手两把。

（4）套筒扳手一套。

（5）钢板尺一把。

（五）实验步骤

1. 拆卸

（1）仔细观察各种机床模型外部各部分的结构，从各部分结构中观察分析。

（2）拆卸主要部件。

2. 装配

按原样将整机装配好，装配时按先内部后外部的合理顺序进行，应注意方向，注意导轨的合理装拆方法，经指导老师检查合格后才能合上箱盖。

（六）注意事项

（1）切勿盲目拆装，拆卸前要仔细观察零部件的结构及位置，考虑好拆装顺序，拆下的零部件要统一放在盘中，以免丢失和损坏。

（2）爱护工具、仪器及设备，小心仔细拆装避免损坏。

（七）实验报告

（1）机构总体传动方案：文字说明传动装置的结构，传动装置的传递路线；说明传动装置各轴的支承结构；说明传动装置附属零件的用途，结构安装位置的要求；说明模型导轨的结构和类型。

（2）按实验要求画出机床模型装配图。

（3）按实验要求画出导轨或主要零部件的二维和三维图。

三、其他机械系统结构拆装与分析实验

（一）实验目的

（1）了解实验室各种机械系统的功能、各部分的结构、工作原理，并分析其结构工艺性。

（2）了解机械系统的传动原理、装置各部分的装配关系和比例关系。

（3）熟悉创新机械的拆装和调整过程。

（4）对创新机械传动系统方案和典型结构进行提出改进设计的建议。

（二）实验内容

（1）了解各种创新机械的结构。

（2）了解各种创新机械传动系统方案，运动和动力的传动原理和动力传递路线，画出其传动系统简图，画出其工作循环图。

（3）了解各种创新机械各传动机构的结构和参数，各轴的支承结构，画出典型机构的结构图。

（4）观察、了解各种创新机械附属零件的用途，结构安装位置的要求。

（5）测量各种创新机械的主要结构尺寸和装配尺寸，如点钞机机架的相对位置，各轴的相对位置等。

（三）实验原理

（1）其他机械系统（例如点钞机、缝纫机等，其实物图如图 2-8 所示）的结构示意图及其工作原理及功能介绍。

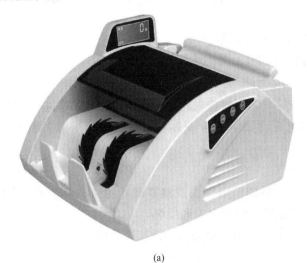

(a)

(b)

图 2-8　点钞机与缝纫机的实物图

（a）点钞机；（b）缝纫机

（2）自行查找感兴趣的其他新型机械系统的各部分组成、功能及结构特点介绍。

（四）实验所用的工具、设备、仪器（每实验小组）

（1）各种创新机械：点钞机、缝纫机等。

（2）游标卡尺一把。

（3）活扳手两把。

（4）套筒扳手一套。

（5）钢板尺一把。

（五）实验步骤

1. 拆卸

（1）仔细观察各种创新机械外部各部分的结构，从各部分结构中观察分析其工作原理和传动原理。

（2）拆卸机器外盖、轴承盖等。

（3）测绘主要零部件如轴及其支承部件尺寸等。

2. 装配

按原样将整机装配好，装配时按先内部后外部的合理顺序进行，装配轴套和滚动轴承时，应注意方向，注意滚动轴承的合理拆装方法，经指导教师检查合格后才能合上机箱盖。

（六）注意事项

（1）切勿盲目拆装，拆卸前要仔细观察零部件的结构及位置，考虑好拆装顺序，拆下的零部件要统一放在盘中，以免丢失和损坏。

（2）爱护工具、仪器及设备，小心仔细拆装避免损坏。

（七）实验报告

（1）按实验要求部件总体方案说明。

（2）按实验要求画出部件二维和三维结构图，并对部件结构进行改进设计。

第四节 闹钟拆装结构分析实验

（一）实验目的

（1）了解闹钟的结构及其工作原理。

（2）了解仪器零件、部件在闹钟中的作用。

（3）培养实际操作技能。

（二）实验要求

拆装闹钟注意观察：

（1）观察走时、闹时部分传动系统。

（2）观察擒纵机构的结构及工作状态。

（3）观察二轮与拨针轮轴是怎样联接的。

（4）观察闹轮是怎样控制闹时的。

（三）闹钟简介

闹钟为最常用的计时仪器之一。摆轮式闹钟机芯的结构如图 2-9、图 2-10 所示。

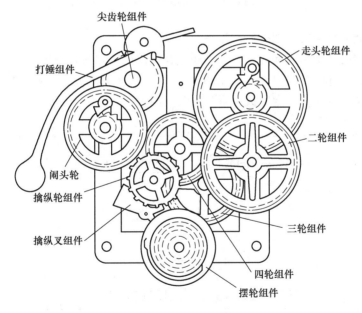

图 2-9　机芯后面结构图

闹钟振动系统由摆轮和游丝组成，摆轮紧固在摆轮轴上，游丝的内端也固定在摆轮轴上，而外端固定在不动的零件上，当外力使摆轮离开平衡位置时，在游丝弹性力的作用下，系统产生振动。

振动系统工作时，运动阻力将使振幅逐渐衰减，为使其不衰减地持续振动，必须周期性地给它补充能量，机械式振动计时仪器中通常是用上紧的发条作为能源来源，通过擒纵机构起等时调速作用。

因为受结构条件限制，发条的工作圈数不可能太多，为延长一次上条的持续工作时

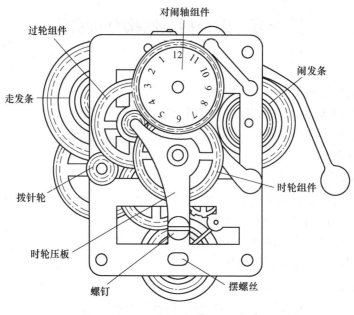

图 2-10　机芯前面结构图

间，在发条与擒纵机构之间加有传动轮系。

除上面提到的基本组成部分外，闹钟还应有指针机构和闹时系统。

综上所述，闹钟的结构原理可以用图 2-11 所示的框图来表示，并按照功能大致归纳为走时轮系、擒纵调速系、走针拨针系、闹时系四大部分。

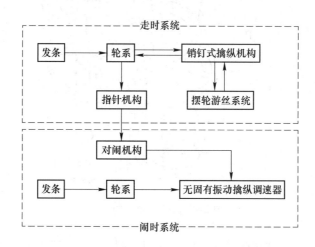

图 2-11　走时系统与闹时系统

1. 走时轮系

走时轮系由头轮组件、二轮组件、三轮组件、四轮组件、擒纵轮的销轮及一根走时发条组成，其主要作用有两个：

（1）把发条产生的力矩传递给擒纵轮；

（2）把擒纵轮跳动的角位移按比例变为秒针、分针、时针的角位移传给指针机构。

闹钟的轮系传动是升速传动，各轮组件的齿数如表 2-1 所示。

表 2-1　走时系统和闹时系统的齿轮齿数

组件名称	头　轮	二　轮	三　轮	四　轮	擒纵轮
轮片齿数	54	54	40	40	15
销轮齿数		9	6	6	6

秒针安插在四轮轴上，四轮的轮片、销轮和轮轴都是紧套在一起的，如图 2-12 所示。

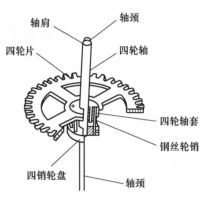

图 2-12　四轮组件剖面图

2. 擒纵调速系

擒纵调速器是摆轮游丝系统和擒纵机构的合称，其主要作用是节制轮系的急速转动，使其转动速度符合日常标准时间。具体来说，摆轮游丝系统产生振动，擒纵机构把轮系传递来的能量周期性地补充给振动系统，这是擒纵机构的第一个作用；另外，由于摆轮游丝系统每振动一次，擒纵轮转过的角度是一定的，也就是擒纵轮的转角与摆轮游丝系统的振动次数成正比，所以当利用齿轮传动并以适当的传动比把擒纵轮的转动传递给指针时，指针的转角也将与振动次数成正比，摆轮游丝系统振动一次所需的时间是一定的，即等于它的振动周期，振动周期×振动次数＝时间，因而指针的转角能与时间成正比从而指示时间，这就是擒纵机构的第二个作用：计算振动次数并传递给指示装置达到计时的目的。

3. 走针拨针系

走针系包括分轮、过轮、时轮等，与传动轮系及拨针系相联系，如图 2-13 所示。

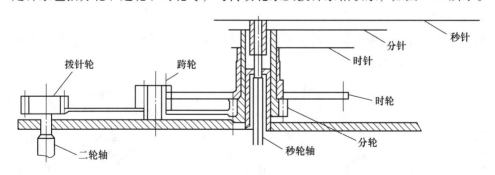

图 2-13　走针拨针系

拨针系由销轮、二轮、拨针轮及拨针匙组成，其结构如图 2-14 所示。二轮与销轮做成一体，二轮上的弹簧片（即元宝簧）向下压紧，使二轮和销轮与轴上固定的挡片互相压紧，拨针时，转动拨针匙直接使与轴紧配合在一起的拨针轮传动，从而拨动指针，与走时轮系不发生关系；而头轮传来的运动是依靠弹簧片的作用，利用销轮与挡片的摩擦带动轴和拨针轮的。

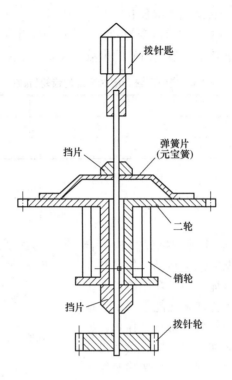

图 2-14　拨针系

走针拨针系中各轮齿数如表 2-2 所示。

表 2-2　走针拨针系齿轮齿数

名　称	拨针轮	过轮片	过轮齿轴	时　轮	分　轮
齿　数	15	45	12	48	15

4. 闹时系

闹时系由闹发条、闹头轮、闹擒纵机构、对闹组件、打捶组件、止闹机构等组成，其结构原理如图 2-15、图 2-16 所示。

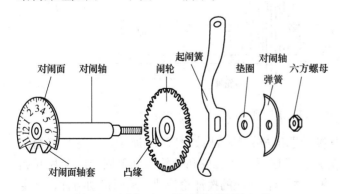

图 2-15　对闹面、对闹轴和对闹轮组件

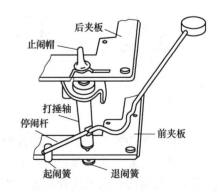

图 2-16　止闹机构

闹轮近中心处有一凸缘，闹盘（对闹面）下有一缺口。闹轮与闹盘经常被起闹簧压紧着。一般情况下闹轮上的凸缘不在缺口内，闹轮紧推闹簧，闹簧钩抵住闹锤臂，闹锤不能摆动。转动对闹轴，当闹轮上的凸缘嵌入闹盘下的缺口时，闹轮和起闹簧一起轴向移动，闹簧钩离开闹锤臂，闹锤便可自由摆动击铃发声。

（四）实验用具

（1）长三针闹钟。

（2）搪瓷盘。

（3）小起子。

（4）镊子。

（5）专用六角扳手。

（6）起子。

（五）实验注意事项

（1）实验用具每组一套，实验前后均需清点一遍，如发现短缺损坏及时向指导老师说明。

（2）拆装一定要按照步骤进行，否则会损坏机件。

（3）先观察后拆，观察清楚后再拆，否则会给装配带来困难。

（4）拆下的零件应依次放在搪瓷盘内，有序摆放。

（5）取零件时要用镊子钳，避免直接用手接触。

（6）摆轮部分轴颈及游丝最易损坏，拆装时应特别小心。

（7）如要取下后夹板，必先将发条上紧，用铁丝沿外圈捆住，并要仔细检查捆得是否可靠，以防止卸后夹板时发条突然松开将齿轮轴及其他零件打坏，或发条突然弹出造成事故。

（8）实验完毕，需经指导教师检查验收后方可离开。

（六）实验步骤

1. 拆钟及结构分析

（1）卸机芯。

1）拆去背壳上的三只螺钉、走条钥匙及闹条钥匙，卸下背壳。此处走条钥匙和闹条钥匙是在左螺纹，对闹钥匙是右螺纹，对针钥匙是插上去的。

2）拆去两个闹铃中间的止闹匙及两只钟脚，拉出压圈，将机芯从钟框中退出，注意不要将玻璃罩碰碎。

（2）拆钟面，观察传动系统。

1）用起针钳或镊子依次取下秒针、分针、时针、白垫圈，左右旋转的同时沿垂直表盘的方向稍向外用力，注意不要把指针碰弯或折断。

2）轻轻撬开面爪（不要撬得太高，以免折断），取下钟面。

3）卸掉背壳固定架上的两只螺钉，取下小支架，观察走时、闹时部分传动系统。

4）用镊子轻轻拨动擒纵叉，观察擒纵机构的结构及工作状态。

（3）观察控制闹时的结构。

1）转动对闹钥匙，让闹轮上的凸缘跳进闹盘的缺口（可听到滴答一声）；装上闹条钥匙，上紧闹发条，观察闹轮是怎样控制闹时的。

2）拆去对闹钥匙，旋出铜螺母（用专用工具——六角套筒扳手），取下橄榄形撑簧，退出闹盘，取出轴间垫圈（在后夹板反面）观察闹轮结构。

（4）拆走针系，分析其传动关系。

1）拆去压板螺钉，取下压板和元宝簧（注意元宝簧的安装方向），观察走针部分传动系统并画出传动简图。

2）取下分轮、时轮和过轮，数出它们的齿数，验算时针、分针、秒针之间的传动比关系。

2. 装配

（1）装上过轮、分轮、时轮。

（2）装元宝簧和压板，旋紧螺钉，注意压板中心孔不要与时轮相碰。

（3）在后夹板反面闹盘轴承孔处垫上薄垫圈，装上闹轮及闹盘。

（4）放进橄榄形撑簧，旋紧螺母和对闹钥匙（螺母不能旋得太紧，只要能带动闹盘一起转动即可）。

（5）固定小支架。

（6）转动对闹钥匙使闹轮上的凸缘跳进闹盘的缺口，再转动对针钥匙使闹盘上的刻线"12"对准钟框上方螺纹孔。

（7）放上钟面，转动钟面，待钟面上的指标对准闹盘上的刻线"12"后压下面爪（不要压得太紧）固定钟面。

（8）嵌进白垫圈，依次装上时针、分针、秒针，并使指针都对准刻线"12"。

（9）将机芯放进钟框，压上压圈（注意压圈的缺口在上方）。

（10）旋上两只钟脚及止闹钥匙。

（11）旋上走条钥匙、闹条钥匙，检查走时系统闹时系统工作是否正常。

（12）先旋下走条钥匙、闹条钥匙，放上快慢夹，装上背壳，再装上走条钥匙，闹条钥匙。

（13）安装完毕后将工具整理好，请指导教师检查验收。

（七）实验报告

（1）画出闹钟走针系统的传动简图（从头轮到秒轮、分轮、时轮），并注明各齿轮齿数。

（2）验算时针、分针、秒针之间的传动比关系。

第三章 验证性实验

本章主要介绍机械设计基础实验课程所涉及的五个验证性实验：机构运动简图测绘和结构分析实验、齿轮范成原理实验、刚性转子动平衡实验、三角胶带传动实验和流体动压轴承实验。通过这部分实验内容，使学生进一步深入理解相关理论知识，加强学生对理论知识具体工程应用的理解和掌握，培养学生的动手能力和初步实践能力，重在认识各种典型机构、常用传动和通用零件，掌握各种机构与各种传动方式的原理、性能和具体应用，掌握机械设计基础课程的基本理论知识。

第一节 机构运动简图测绘和结构分析实验

（一）实验目的

（1）通过对典型机构的分析，了解主动件和从动件的运动形式，主动件与从动件之间的运动传递和变换方式，机构组成及其类型，机构中构件的数目和构件间所组成运动副的数目、类型、相对位置等。

（2）针对实物机构，熟悉机构运动简图的绘制方法，掌握从实际机构中测绘机构运动简图的技能和方法。

（3）巩固机构结构分析原理，熟练掌握其自由度的计算。

（4）验证机构具有确定运动的条件。

（5）加深理解平面四杆机构的演化过程及验证曲柄存在条件。

（二）实验原理

1. 机构运动简图的常用符号

机构运动简图的常用表达方式如图 3-1～图 3-4 所示（详见《机械制图》GB 4460—84"机构运动简图符号"），图中 1、2、3 分别代表不同的构件。

（1）转动副，如图 3-1 所示。

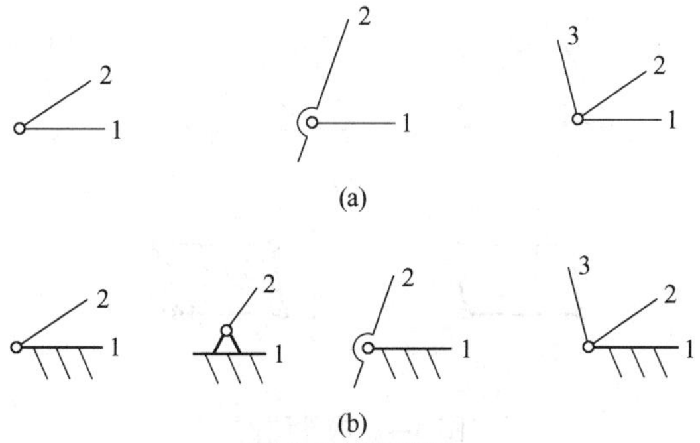

(a)

(b)

图 3-1 转动副

(a) 全为活动构件时；(b) 构件 1 为机架时

（2）移动副，如图 3-2 所示。

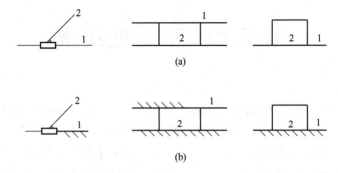

图 3-2　移动副

（a）全为活动构件时；（b）构件 1 为机架时

（3）高副，如图 3-3 所示。

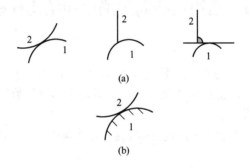

图 3-3　高副

（a）全为活动构件时；（b）构件 1 为机架时

（4）构件图例，如图 3-4 所示。

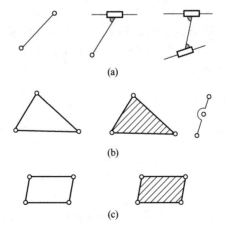

图 3-4　构件图例

（a）具有两个运动副元素时；（b）具有三个运动副元素时；（c）具有四个运动副元素时

2. 实验原理

机构各部分的运动，是由其原动件的运动形式，即该机构中各运动副的类型（高副、低副，转动副、移动副等）和机构的运动尺寸来决定的，而与构件的外形、断面尺寸、组成构件的零件数目及固联方式等无关。所以，只要根据机构的运动尺寸，按一定的比例尺定出各运动副的位置，就可以用运动副的代表符号和简单的线条把机构的运动简图作出来。

所谓机构运动简图就是从运动的观点出发，用规定的符号和简单的线条按一定的尺寸比例来表示实际机构的组成及各构件间相对运动关系。

正确的机构运动简图中，各构件的尺寸、运动副的类型和相对位置以及机构组成形式，应与原机构保持一致，从而保证机构运动简图与原机构具有完全相同的运动特性，以便根据该图对机构进行运动及动力分析。

由于机构的运动仅与机构中构件的数目和构件所组成运动副的数目、类型、相对位置有关。因此，当绘制机构运动简图时，可以忽略构件的形状和运动副的具体构造，而用一些简略的符号来代表构件和运动副，并按一定的比例表示各运动副的相对位置，以此表示机构的运动特征。

区分各运动副元素是准确查找各运动副的关键，也是准确绘制机构运动简图的关键所在。因此要注意把握运动副要素的特点，例如：转动副是两个构件以圆柱面相连接，构件之间作相对回转运动；移动副是两个构件以平面相连接，并作相对移动。只有通过多看机构、多看实例才能从中很好地把握运动副元素的特点，从而准确地分析运动副及机构工作的方式。在找到运动副之后，接下来再测量构件的运动尺寸，而这一步的要求是要准确确定运动副元素，例如回转中心、移动导路中心线、高副的接触点等。

（三）实验仪器及设备

（1）若干个机构模型。

（2）三角尺、圆规、铅笔、稿纸等。

（四）实验方法和步骤

熟悉机构运动简图的绘制方法，正确确定运动副的类型和位置并测量机构各运动尺寸，选取比例尺，能够对机构是否具有确定运动作出分析。

1. 绘制机构运动简图的方法及步骤

（1）观察分析机构的实际构造和运动。

1）从原动件开始仔细观察机构运动的传递顺序，根据机构运动的传递顺序，观察各构件之间有无相对运动，确定原动件、机架、传动部件和执行部件。

2）分清机构是由哪些构件组成的，哪些是活动构件，哪些是固定构件。

3）仔细观察各构件之间的接触情况及相对运动的性质，从而确定运动副的类型和数目。

（2）合理选择投影面和原动件位置，作机构示意图。选择恰当的投影面，一般选择与大多数构件的运动平面相平行的平面为视图平面；合理选择原动件的一个位置，以便简单清楚地将机构的运动情况正确地表达出来。

（3）绘制机构示意图。撇开各构件的具体结构形状，找出每个构件上的所有运动副，用简单的线条联接该构件上的所有运动副元素来表示每一个构件。即用简单的线条和规定符号来代表构件和运动副，从而在所选投影面上作出机构的示意图。

（4）量取运动尺寸。运动尺寸是指与机构运动有关的、能确定各运动副相对位置的尺寸。在原机构上量取机构的运动尺寸，并将这些尺寸标注在机构示意图上。标注方法有两种，一为直接写在旁边，二是在运动副节点处标记符号，在机构运动简图旁边列表表达。

（5）选取标注比例尺。选取适当的长度比例尺，依照机构示意图，按一定顺序进行绘图，并将比例尺标注在图上，即为机构运动简图。

长度比例尺的意义如下：$\mu_l = \dfrac{\text{实际长度（m）}}{\text{图示长度（mm）}}$

例如：某构件的长度 $L_{AB} = 1\text{m}$，绘在图上的长度 $AB = 1000\text{mm}$，则长度比例尺为：

$$\mu_l = \frac{L_{AB}}{AB} = \frac{1\text{m}}{1000\text{mm}} = 0.001\,\frac{\text{m}}{\text{mm}}$$

（6）按照比例尺绘图。注意：完成后画斜线表示机架，在原动件上画箭头表示运动方向。（作图略）

在绘图完成后，计算机构的自由度并检验机构示意图是否正确。

1）机构自由度计算公式：

$$F = 3n - 2P_{\mathrm{L}} - P_{\mathrm{H}}$$

式中　n——机构活动构件数；

　　　P_{H}——平面低副个数；

　　　P_{L}——平面高副个数。

注意：正确判别机构中存在的虚约束、局部自由度和复合铰链。

2）核对计算结果。机构具有确定运动的条件为：机构的自由度大于零且等于原动件数。因本实验中各机构模型均具有确定的运动，故各机构计算自由度应与其原动件数相同，否则说明所作示意图有误，应对机构重新进行分析、作示意图。

注意：转动副和移动副虽同为低副，但因其运动性质不同，在作示意图时一定不能混淆互换。可仅通过自由度计算，又不能发现转动副与移动副相混淆的错误情况，故应将所作图中的各运动副类型与原机构进行逐一核对检查。

2. 例题

绘制出偏心轮机构（如图3-5所示）的运动简图，并计算其自由度。

（五）实验报告要求

根据实验原理和步骤，对一些典型机构模型进行测绘，完成以下内容：

（1）对机构组成构件分析。

（2）确定机构的类型和运动副数目。

（3）绘制机构运动简图。

（4）计算机构的自由度。

（5）判断能否成为机构。

（6）分析机构的演化过程。

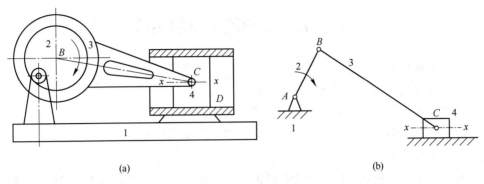

(a)　　　　　　　　　　　　　　　　　　(b)

图 3-5　偏心轮机构

（a）偏心轮机构模型图；（b）简图

1—机架；2—偏心轮；3—连杆；4—滑块

第二节 齿轮范成原理实验

（一）实验目的

（1）掌握展成法加工渐开线齿廓的原理。

（2）了解变位后对齿轮尺寸产生的影响。

（3）了解齿轮的根切现象及采用变位修正来避免根切的方法。

（二）实验原理

齿轮机构是各种机构中应用最为广泛的一种机构。它可以用来传递空间内任意两轴间的运动和动力，并具有传动平稳、准确可靠、传动效率高、使用寿命长等特点。

齿轮机构的应用广泛，种类繁多，其中，渐开线直齿圆柱齿轮是齿轮机构中应用最广、最简单、最基本的一种类型。渐开线直齿圆柱齿轮齿廓的形成原理如图3-6所示。

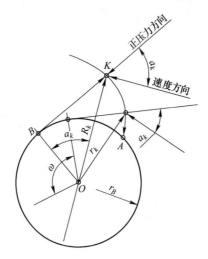

图3-6 渐开线直齿圆柱齿轮齿廓的形成原理

在齿轮实际加工中，看不到齿轮齿廓渐开线的形成过程。本实验通过齿轮范成仪来实现轮坯与刀具之间的相对运动，并用铅笔将刀具相对轮坯的各个位置记录在图纸上，这样就能清楚地观察到渐开线齿廓的展成过程。

齿轮展成仪所用的刀具模型为齿条插刀，仪器构造如图3-7所示。将绘图纸做成圆形轮坯，用压环10固定在托盘1上，托盘可绕固定轴转动。代表齿条刀具的齿条5通过螺钉7固定在刀架8上，刀架安装在滑架3上的径向导槽内，旋转调节螺旋6，可使刀架带着齿条刀具相对于托盘中心作径向移动。因此，齿条（刀具）5既可以随滑架3作水平移动，又可以随刀架一起作径向移动。滑架3与托盘1之间采用齿轮齿条啮合传动，保证轮坯分度圆与滑架基准刻线作纯滚动，当齿条刀具5的分度线与基准刻线对齐时，能展成标准齿轮齿廓。调节齿条刀具相对齿坯中心的径向位置，可以展成变位齿轮齿廓。

（三）实验仪器及设备

（1）齿轮展成仪。

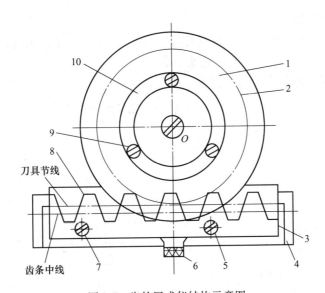

图 3-7　齿轮展成仪结构示意图

1—托盘；2—轮坯分度圆；3—滑架；4—支座；5—齿条（刀具）；6—调节螺旋；7，9—螺钉；

8—刀架；10—压环

（2）钢直尺、圆规、剪刀、铅笔、三角板、绘图纸。

（四）实验内容及要求

（1）将范成仪的齿条刀调至零位，即加工标准齿轮的位置，测量齿轮毛坯的分度圆直径 d，并由齿条刀模数 m 算出待加工齿轮的齿数 z。判定此范成仪在加工标准齿轮时是否会发生根切，若有根切，可由下式求出不根切的最小变位系数 x_{min}。

$$x_{min} = (17 - z)/17 \qquad (3\text{-}1)$$

（2）根据待加工齿轮的已知参数，利用公式分别计算标准齿轮和变位齿轮的以下几何尺寸：

分度圆直径　　　　　　　　$d = mz$　　　　　　　　　　　　　　（3-2）

齿顶圆直径　　　　$d_a = m(z + 2h_a^* + 2x)$　　　　　　　（3-3）

齿根圆直径　　$d_1 = m(z - 2h_a^* - 2c^* + 2x)$　　　　　（3-4）

基圆直径　　　　　　　$d_b = mz\cos\alpha$　　　　　　　　　　（3-5）

式中　　h_a^*——齿顶高系数；

　　　　c^*——顶隙系数；

　　　　α——压力角。

（3）将圆形图纸划分为两个象限，分别表示待加工的标准齿轮和变位齿轮，并在其上画出相应的分度圆、齿顶圆、齿根圆和基圆。

（4）用螺母将圆形图纸固定在托板上，调整其周向位置，使齿条刀移动范围恰好与图纸上标准齿轮的半个象限对应，并将齿条刀铅垂位置调整至零位。

（5）将齿条刀推至一端，用削尖的铅笔画出该位置时齿条刀在图纸上的投影线，然后将齿条刀渐次向另一端移动一很小的距离，再用铅笔画出齿条刀的投影线，直至齿条刀移至另一端为止，这些稠密投影线的包络线就是被切齿轮的渐开线齿廓。此时画出的为渐开线标准齿轮的齿廓形状。

（6）调整齿条刀的铅垂位置，使其移动一变位系数 x_m，重复上述过程，在圆形图纸变位齿轮的象限内范成出变位齿轮的齿廓形状。

（7）比较标准齿轮与变位齿的齿形，填写表3-1。

表 3-1 渐开线齿轮齿廓范成数据

原始数据	参 数	模数 m/mm	压力角 α	齿顶高系数 h_a^*	顶隙系数 c^*	齿数 z
	齿条刀					
	被加工齿轮					

被加工齿轮尺寸	项目	标准齿轮	变位齿轮
	变位系数 x/mm		
	分度圆直径 d/mm		
	齿轮圆直径 d_a/mm		
	齿根圆直径 d_t/mm		
	基圆直径 d_b/mm		
	齿距 p/mm		
	齿厚 s/mm		
	齿槽宽 e/mm		
	齿全高 h_a/mm		
	齿顶高 h_t/mm		
	齿根高 h_f/mm		
	是否根切		
齿廓图	（附原图纸）		

（五）注意事项

（1）本实验最好选用模数较大（$m \geqslant 15\text{mm}$）而分度圆较小的展成仪，使齿数 $z \leqslant 10$，以便在展成标准齿轮齿廓时能观察到较为明显的根切现象。

（2）代表轮坯的纸片应有一定厚度（纸张定量不低于 70g/m^2），纸面应平整无明显翘曲，以防在实验过程中顶在齿条5的齿顶部。为了节约实验时间与纸片，亦可将标准齿轮与变位齿轮的轮坯以直径为界面画在同一纸上。

（3）当轮坯纸片安装在托盘1上时应固定可靠，在实验过程中不得随意松开或重新固定，否则可能导致实验失败。

（4）在实验内容及要求（5）中，应自始至终将滑架从一个极根位置沿一个方向逐渐推动，直到画出所需的全部齿廓，不得来回推动，以免展成仪啮合间隙影响实验结果的精确性。

（六）分析与思考

（1）当用范成法加工渐开线齿轮时，什么情况下会发生根切？若要避免根切，可采取什么措施？

（2）在什么情况下，渐开线齿轮的齿高不能保持标准全齿高，需要略做削减？

（3）产生根切现象的原因是什么，如何避免根切现象产生？

（4）齿廓曲线是否全是渐开线？

（5）变位后齿轮的哪些尺寸不变，齿轮尺寸将发生什么变化？

（6）比较标准齿轮与变位齿轮的齿形，填写实验报告。

第三节　刚性转子动平衡实验

（一）实验目的

（1）巩固和验证刚性回转体的动平衡理论和方法。

（2）掌握测量动平衡的方法和动平衡机实验台的工作原理。

（3）掌握平衡精度的基本概念。

（二）实验内容

利用动平衡原理在动平衡机上测试转子，找到不平衡偏差量和位置，然后用橡皮油泥补偿，使其达到规定公差内的平衡状态。

（三）实验原理

在绕固定轴线转动的刚性回转件中，如多缸发动机曲轴、电机转子等，它们的质量分布于沿轴向的许多互相平行的平面内。当回转件转动时，不平衡质量所产生的离心力构成一个空间力系，该力系的合力和合力偶一般不等于零，因而引起回转件支承内的动压力和周期性振动，且支承的振幅与回转件上各分布质量离心力的合力成正比，振动频率与回转件的转动频率相同。因此，根据回转件支承的振动振幅、周期及相位就可以确定回转件质量分布的不平衡情况。

根据动平衡原理可知，轴向宽度较大的回转件（一般其长径比 $L/D>0.2$），其质量分布不在同一回转面内。为使其平衡，必须分别在任选两个回转面（即平衡校正面）内各加上或去掉适当的平衡质量，使得回转件在回转时所产生的离心力系的合力和合力偶都为零，此时回转件支承的振动也将消失。

因材料不均匀、制造误差和几何形状不规则等影响因素，或者工件使用产生磨损或腐蚀，会使回转件出现不平衡情况。因此，几乎所有回转件的动平衡问题都必须经过动平衡实验解决。动平衡实验法就是利用各种测试手段，测量出被测回转件转动时支承的振动情况，从而指示出回转件的不平衡情况，也由此来显示回转件平衡的精度。

回转件的平衡测定分两类：动平衡测定和静平衡测定。静平衡测定一般用于轴向宽度 B 与直径 D 的比值小于 0.2 的转子。动平衡测定一般用于轴向宽度 B 与直径 D 的比值大于 0.2 的转子。

1. 静平衡测定

静平衡架一般为导轨式，如图 3-8 所示。

当对刚性转子进行静平衡实验时，首先用水平仪将静平衡架调整至水平位置。再将实验用回转构件放在静平衡架上，使其自由滚动，待其静止后在最低位置画一条线（此时重心处于低位置），在轴线上方适当半径处加一适当的平衡质量（用平衡块），重复上述动作，直至回转构件在任意位置都能保持静止不再滚动为止。用卡尺量出平衡块至回转轴心的距离 r，取下平衡块用

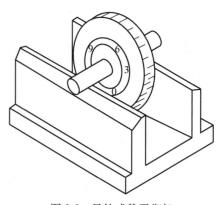

图 3-8　导轨式静平衡架

天平称量其质量 m，则 m 与 r 的乘积 mr 即为该构件达到静平衡时所需加的质径积。

2. 动平衡测定

（1）转子动平衡工作。转子动平衡检测，一般用于轴向宽度 B 与直径 D 的比值大于 0.2 的转子。当进行转子动平衡检测时，必须同时考虑其惯性力和惯性力偶的平衡，即 $P_i = 0$，$M_i = 0$。如图 3-9 所示，设一回转构件的偏心质量 Q_1 及 Q_2 分别位于平面 1 和平面 2 内，r_1 及 r_2 为其回转半径。当回转体以等角速度回转时，它们将产生离心惯性力 P_1 及 P_2，形成一空间力系。

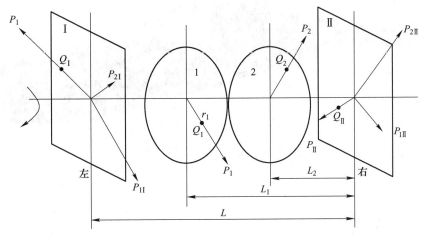

图 3-9　动平衡原理

由理论力学可知，一个力可以分解为与它平行的两个分力，因此可以根据该回转体的结构，选定两个平衡基面 I 和 II 作为安装配重的平面。将上述离心惯性力分别分解到平面 I 和 II 内，即将力 P_1、P_2 分解为 P_{1I} 及 P_{2I}（在平面 I 内）、P_{1II} 及 P_{2II}（在平面 II 内）。这样就可以把空间力系的平衡问题转化为两个平面汇交力系的平衡问题了。显然，只要在平面 I 和 II 内各加入一个合适的质量 Q_I 和 Q_{II}，使两平面内的惯性力之和均等于零，构件也就平衡了。

（2）动平衡机的工作原理。动平衡测定又分为硬支承和弹性支承平衡机。H20BK 硬支承平衡机由传动装置、支承架、床身、传感器、机械放大机构、光电头、电测箱和电控箱等组成，如图 3-10 和图 3-11 所示。

1）传动装置。转子装在平衡机上，由 YU 系列三相异步电动机通过平皮带传动带动，电动机安装在传动架上，而传动架的移动靠齿轮与齿条位移，调整导向轮的高低位置可控制皮带的松紧程度。

2）支承架。左右支承架底面与床身之间用导向块定位，并通过齿轮与床身上的齿条作纵向移动，滚轮架高低位置用螺杆来调节。

3）传感器。本机采用的传感器属磁电式速度传感器。当机械振动通过测振丝连动线圈芯轴，使线圈在永久磁钢与外壳恒定磁通的环形气隙中作直线往复运动，线圈与磁场中的磁通交链而产生的感生电动势 e 与线圈对磁场的相对速度 dx/dt 成正比。而当支承架的刚度确定后，支承架在受检转子不平衡量所引起离心力的激励下产生振动，振动位移随不

图 3-10 硬支承动平衡机外形图

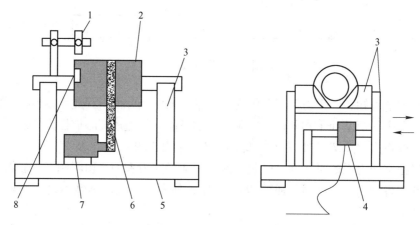

图 3-11 动平衡机结构图

1—光电相位传感器；2—被试转子；3—硬支承摆架；4—传感器；

5—减振底座；6—传动带；7—电动机；8—零位标志

平衡量的增减而发生变化。由此为在一定的平衡转速下，测量存在于工件转子上的不平衡量提供了前提。

4）机械放大机构。机械放大机构是一杠杆式变形放大组件，它被设置在支承架和传感器之间，其作用是将旋转状态下工件转子上残余的不平衡量，激振支承架后产生微小振动位移，该位移经与支承架固连的测振连杆输入，由机械放大机构将此微小的振动位移放大约 10 倍后，输出至磁电式速度传感器，从而测出工件的不平衡量。

5）光电头。光电头是一光电换能装置，它由自身光源经聚光透镜发射一光束，投射至旋转中的被校验工件转子上，转子上粘贴有反光标记，光束投射到转子表面时，贴有反光标记部位的反射光强度大于未贴有反光标记部位的反射光强度，故光敏二极管可接收这个有强度差异的反射光，并经其内部电路的整形和放大，输出一个与转子转速频率相同的脉冲方波信号，并以此测量转速和判别不平衡量的相位。

安装光电头时，应使光电头与被照射的带有反光标记的表面距 30 ~ 40mm，光束将在投射部位形成一个较小但耀眼的光斑。当光电头能稳定地接收反射信号时，将点亮电测箱右下方用作指示转速稳定的绿色发光二极管。如该指示灯不亮，应调整光电头的照射位置和角度。

6）工作原理。试验转子的不平衡量以交变动压力的形式作用在支承架上，包含有不平衡量的大小和相位。硬支承平衡机支架将不平衡量离心力引起的微小振动位移经机械放大机构进行放大。为精确方便地测量转子动不平衡，通过磁电式速度传感器将动不平衡量转化为电量的检测。

刚性转子的动平衡原理图如图 3-12 所示，一个动不平衡的刚性转子总可以在与旋转轴线垂直而不与转子相重合的两个校正面上加减适当的质量来达到动平衡目的。因传感器安装在支承架上，测量平面位于支承平面，转子的二校正平面可根据要求选择在支承平面以外的其他轴向平面上。可用静力学原理将在支承面处测到的不平衡量信号换算到两个校正平面上。通过对两校正面间距 B，校正平面到左、右支承面的间距 A、C 参数的设置（根据被平衡转子自身结构及其在平衡机上支承位置），来预先解决两校正平面不平衡量的相互影响。

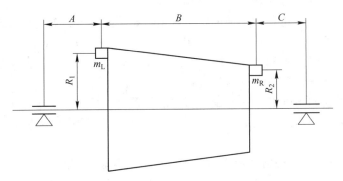

图 3-12　转子的形状和支承方式

m_L，m_R—左、右校正面上的不平衡质量

（四）实验仪器及设备

（1）导轨式静平衡架。

（2）回转构件（盘形砂轮）、水平仪、平衡块、螺丝刀、卡尺。

（3）HY20BK 硬性支承动平衡机（电测箱 CAB590）。

（4）实验转子、磁性平衡重块（或者橡皮油泥）、天平。

（五）实验方法和步骤

1. 操作前的准备工作

（1）按转子的轴径大小选择相应的滚轮架，在转子表面粘贴反光标志；

（2）按照转子支承点的距离，调整两支承架的相对位置并且紧固；

（3）按转子轴径尺寸参照滚轮架上标尺，调整滚轮架的高低位置，并紧固；

（4）按转子质量、转子最大外径，初始不平衡量等，参照平衡机说明书中 Gn^2 及 GD^2n^2 限制值图表，选择平衡转速；

（5）检查测量、控制系统，传感器，电源，光电头等连接线是否按电路规定正确连接。

2. 操作使用说明

（1）供电和自检。

1）旋开电控箱上的总电源开关，电源指示灯亮，电控箱和相继得电；

2）电测箱开始自检，最后显示屏出现字符“tEStE”时，意为“test E”自检结束。

（2）转子数据。自检结束，显示屏出现如图 3-13 所示的转子数据。

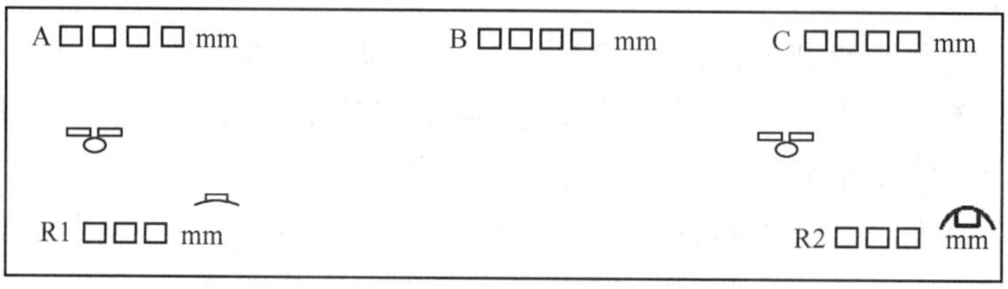

图 3-13　转子数据

A、B、C、R1、R2 的位置如图 3-13 所示。代表校正方法为加重；代表校正方法为减重。按“→”，即可显示其他的转子数据，显示的转子数据的含义如下：

1）预制公差值 T——不平衡质径积的精度要求，单位：g · mm；

2）预置转速值——当实际转速达到预置转速的±5%后，测量自动开始；

3）左右平衡面的分量数——将平衡面均分的等份数；

4）左右面的初始角度——分量 1 所在的位置（一般为“0”）；

5）测量次数——为减少测量误差，可多次测量，最后取多次测量数据的平均数。

（3）开始测试。

速度旋钮转至低速，按启动钮启动电机，转子进入测量状态。

当显示屏不再闪烁，表示测量完毕，按停止钮，电机处于能耗制动，松开停止钮，电机制动结束。

（4）记录数据，举例如下。

测量结束后，显示屏显示类似图 3-14 中数据，含义为：

1）在左平衡面上：在第 5 个分量上应去重 93mg，在第 6 个分量上应去重 102mg；

2）在右平衡面上：在第 8 个分量上应加重 1. 26g，在第 9 个分量上应加重 2. 45g。

（5）然后利用天平称重橡皮油泥的重量，补偿在实验转子的分量孔内，接着启动电机，转子进入新的测量状态。观察并记录补偿后的数据，看补偿后左右平衡面是否出现“T”平衡标志。

另外还有实验方法，可以利用计算机连接来采集测量的信号，然后处理出结果，原理如图 3-15 所示。

（六）实验报告

根据实验步骤完成以下内容：

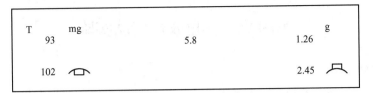

T	mg		g
93		5.8	1.26
102			2.45

图 3-14 测量结果数据

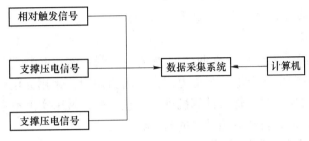

图 3-15 动平衡机测试系统图

（1）测量 6 次以上，记录原始数据。

（2）实验数据记录，并做分析。

（3）计算出平衡测定需要的补偿质量。

（4）完成思考题。

第四节　三角胶带传动实验

（一）实验目的

（1）测定带传动在不同工况下的滑动率曲线和效率曲线，并观察带传动弹性滑动与打滑现象，加深理解带传动的概念。

（2）分析滑动率曲线和效率曲线的变化规律。

（3）培养学生的动手能力和科学分析的能力。

（二）实验内容

（1）皮带传动滑动曲线和效率曲线的测试与绘制：该实验装置采用压力传感器和A/D卡采集主动带轮和从动带轮的驱动力矩力和阻力矩力，采用光电传感器和A/D板采集主、从动带轮的转速。最后输入计算机进行处理分析，做出实测滑动曲线和效率曲线。了解带传动的弹性滑动和打滑对传动效率的影响。

（2）皮带传动运动弹性滑动和打滑现象动画模拟：该实验装置配置的计算机多媒体软件，在输入实测主、从动带轮的转速后，通过数模计算做出带传动运动模拟，可清楚观察带传动的弹性滑动和打滑现象动画图像。

（三）实验原理

带传动在工作时，由于带松紧两边弹性变形不等而引起的带轮间的滑动称为弹性滑动，它是带传动中不可避免的现象，而且随着传递功率的增减而变化。当传递的圆周力逐渐增大，超过带与带轮间的摩擦力时，带将沿着轮面发生显著的滑动即产生打滑。打滑将使带磨损加剧，从动轮转速急剧降低，甚至使传递失效，故打滑应予避免。

通过实验可以获得滑动率和效率的定量关系。在不同的初拉力和不同的包角条件下，逐次改变负载，从而改变有效圆周力 F_e，测出其滑动率 ε 及效率 η，即可获得相应的滑动率曲线 ε-F_e 和效率曲线 η-F_e。通过分析这些不同工况条件下得到的数据曲线，总结出影响效率变化的几个因素。

1. 效率的测定

根据效率的定义，其值为：

$$\eta = \frac{输出功率}{输入功率} = \frac{M_2 n_2}{M_1 n_1} \tag{3-6}$$

式中　M_1，M_2——带传动输入和输出转矩，N·m；

　　　n_1，n_2——主动带轮和从动带轮的转速，r/min。

2. 滑动率的确定

根据滑动率的定义，其值为：

$$\varepsilon = \frac{主、从带轮线速度之差}{主动带轮线速度} = \left| \frac{V_1 - V_2}{V_1} \right| = 1 - \frac{D_2 n_2}{D_1 n_1} \tag{3-7}$$

式中　V_1，V_2——主动带轮和从动带轮的线速度，m/min。

　　　D_1，D_2——主动带轮和从动带轮的计算直径，mm。

3. 有效圆周力的确定

有效圆周力可按下式计算：

$$F_e = 2F_2(N) \tag{3-8}$$

式中 F_e——有效圆周力；

$F_2(N)$——初拉力。

4. 带轮线速度计算

带轮线速度可按下式计算：

$$V_1 = \frac{\pi D_1 n_1}{60} \tag{3-9}$$

式中 V_1——主动带轮线速度；

n_1——主动带轮角速度。

在给定初拉力的条件下，测量 M_1、M_2、n_1、n_2 即可获得上述定量关系。

（四）实验仪器及设备

1. CQP-B 型（直流电机）实验台

（1）实验台主要结构及工作原理

该实验传动系统如图 3-16 所示，由平皮带、一个装有主动带轮的直流伺服电动机组件和另一个装有从动带轮的直流伺服发电机组件构成。

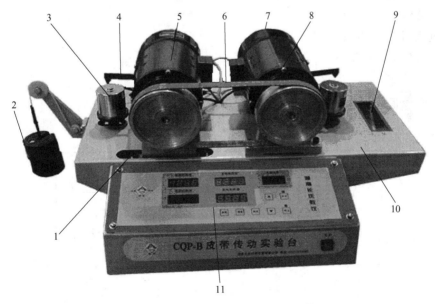

图 3-16 皮带传动实验台主要结构图

1—电机移动底板；2—砝码和砝码架；3—力传感器；4—转矩力测杆；5—主动轮电机；
6—平皮带；7—光电测速装置；8—从动轮电机；9—灯泡组；10—机座机壳；11—操纵面板

1）主动轮电机 5 为特制两端带滚动轴承座的直流伺服电机，滚动轴承座固定在一个滑动的底板 1 上，电机外壳（定子）未固定，可相对其两端滚动轴承座转动。滑动的底板能相对机座 10 在水平方向滑动。

2）砝码和砝码架 2 与滑动底板通过绳和滑轮相连，用于张紧皮带；加上或减少砝码，可增加或减少皮带初拉力。从动轮电机 8 也为特制两端带滚动轴承座的直流伺服发电机，电机外壳（定子）未固定可相对其两端滚动轴承座转动，轴承座固定在机座机壳上。

3）发电机和灯泡 9，以及实验台内的电子加载电路组成实验台加载系统，该加载系统可通过计算机软件主界面的加载按钮控制，也可用面板上触摸按钮（即图 3-17 的 6、7）进行手动控制和显示。

4）可转动两电机的外壳上装有转矩力测杆 4，把电机外壳转动时产生的转矩力传递给传感器。主、从动皮带轮扭矩力可直接在面板各自的数码管上读取，并传到计算机中进行处理分析。

5）两电机后端装有光电测速装置 7 和测速转盘，测速方式为红外线光电测速；主、从动皮带轮转速可直接在面板各自的数码管上读取，并传到计算机中进行处理分析。

2. 主要技术参数

直流电机功率：355W；

主电机调速范围：50~1500r/min；

皮带初拉力值：2~3.5kg·f；

杠杆测力臂长度：$L_1 = L_2 = 120$mm（$L_1 L_2$ 为电动机、发电机中心至传感器中心的距离）；

皮带轮直径：$D_1 = D_2 = 120$mm；

压力传感器精度：1%；

测量范围：0~50N；

实验台总重量：45kg。

3. 电气面板

电气面板布置及说明如图 3-17 所示。

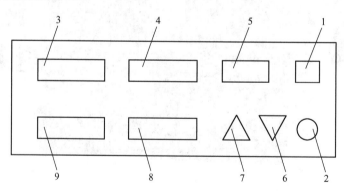

图 3-17 皮带传动实验台面板布置图

1—电源开关；2—电动机转速调节；3—电动机转速显示；4—发电机转速显示；5—加载显示；
6—加载按钮；7—卸载按钮；8—发电机转矩力显示；9—电动机转矩力显示

4. 电气装置工作原理

该仪器电气测量控制由三个部分组成：

（1）电机调速部分：该部分采用专用的由脉宽调制（PWM）原理设计的直流电机调

速电源，通过调节面板上的调速旋钮对电动机进行调速。

（2）仪器控制直流电源及传感器放大电路部分：该电路板由直流电源及传感器放大电路组成，直流电源主要向显示控制板和4组传感器放大电路供电，并将4个传感器的测量信号放大到规定幅度，以供显示控制板采样测量。

（3）显示测量控制部分：该部分由单片机、A/D转换、加载控制电路和RS–232接口组成。A/D转换控制电路负责转速测量和4路传感器信号采样，采集的各参数除送面板进行显示外，经由RS-232接口送上位机（电脑）进行数据分析处理。

加载控制电路主要用于计算机对负荷灯泡组加载，也可通过面板上的触摸按钮对灯泡组进行手工加载和卸载。

注意：实验台可脱机使用，使用面板对各采集的实验数据进行记录处理。

5. 电气装置技术性能

测速范围：$50 \sim 1500 r/min$；

直流电动机功率：355W；

发电机额定功率：355W；

灯泡额定功率：共320W（8×40W）；

环境温度：$0 \sim +40℃$；

相对湿度：≤85%；

电源电压：交流~220（1±10%）V，50Hz；

工作场所：无强烈电磁干扰和腐蚀气体。

6. 软件界面操作说明

（1）皮带传动实验台软件封面，如图3-18所示。

图3-18 皮带传动实验台软件封面

在非文字区单击左键，即可进入皮带传动实验说明界面。

（2）皮带传动实验说明界面，如图3-19所示。

［音乐］：单击此键，关闭或打开音乐。

［实验］：单击此键，进入皮带传动实验分析界面。

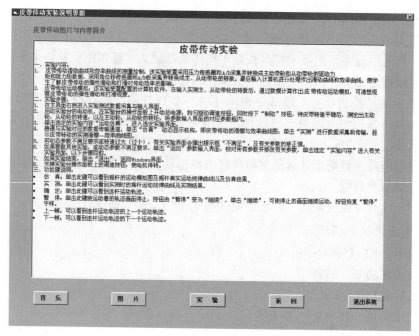

图 3-19　皮带传动实验说明界面

[图　　片]：单击此键，弹出皮带传动实验说明框。

[返　　回]：单击此键，返回皮带传动实验台软件封面。

[退出系统]：单击此键，结束程序的运行，返回 Windows 界面。

（3）皮带传动实验分析界面，如图 3-20 所示。

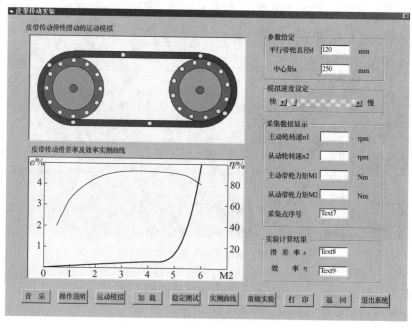

图 3-20　皮带传动实验分析界面

该界面有皮带传动运动弹性滑动和打滑现象动画模拟窗口、皮带传动滑动曲线和效率曲线的测试绘制窗口。各控键说明如下：

［音　　乐］：单击此键，关闭或打开音乐。

［操作说明］：单击此键，弹出皮带传动实验说明框。

［运动模拟］：单击此健，可以清楚观察皮带传动的运动和弹性滑动及打滑现象。

［加　　载］：单击此健，可加载灯泡组负荷，每击一次可增加 5% 的灯泡组负荷功率。

［稳定测试］：单击此键，稳定记录实时显示的皮带传动的实测数据。

［实测曲线］：单击此键，显示皮带传动滑动曲线和效率曲线。

［重做实验］：单击此键，载荷清零，重新加载测试。

［打　　印］：单击此键，弹出打印对话框，将皮带传动滑动曲线和效率曲线打印出来或保存为文件。

［返　　回］：单击此键，返回皮带传动实验说明界面。

［退出系统］：单击此键，结束程序的运行，返回 Windows 界面。

（五）实验步骤

1. CQP-B 型（直流电机）实验台

（1）打开计算机，单击"皮带传动"图标，进入皮带传动的封面。单击左键，进入皮带传动实验说明界面。

（2）在皮带传动实验说明界面下方单击"实验"键，进入皮带传动实验分析界面。

（3）启动实验台的电动机，待皮带传动运转平稳后，可进行皮带传动实验。

（4）实验分两种工况进行测试：

1）工况Ⅰ——砝码盘上安装两个砝码；

2）工况Ⅱ——砝码盘上安装一个砝码。

（5）在皮带传动实验分析界面下方单击"运动模拟"键，观察皮带传动的运动和弹性滑动及打滑现象。

（6）单击"加载"健，灯泡组显示加载量。

（7）数据稳定后单击"稳定测试"键，记录实时显示的皮带传动的实测数据。

（8）重复实验步骤（5）和（6），直至皮带打滑，结束测试。

（9）如果实验效果不够理想，可单击"重做实验"，即可从第（5）步开始重做实验。

（10）单击"实测曲线"键，显示绘制皮带传动滑动曲线和效率曲线。

（11）如果要打印皮带传动滑动曲线和效率曲线。在该界面下方单击"打印"键，打印机自动打印出皮带传动滑动曲线和效率曲线。

（12）如果实验结束，单击"退出"，返回 Windows 界面。

（六）实验操作注意事项

（1）皮带和带轮要保持非常清洁，绝对不能粘油。

（2）皮带和带轮如果不清洁，请先用干净的汽油、酒精清洗干净，然后用干净的干抹布擦干净，再使用吹风机吹干或晾干。

（3）实验前，反复推动电动机活动底板，以确保灵活。

（4）启动电源开关前，需将面板上的调速旋钮逆时针旋到底（转速最低位置），以避免电机高速运动带来的冲击损坏传感器。在砝码架上加上一定的砝码使皮带张紧，以确保实验安全。

（5）实验台的 R232 连接线与计算机接口，不允许带电插拔，以免损坏电脑。

（6）做实验测试前，先开机将皮带转速调至 1000r/min 以上，运转 30min 以上，使实验台皮带预热性能稳定。

（7）在实验中采集数据时，一定要等数据采集窗口的数据稳定后再进行采集，每采集一次，时间间隔 5~10s。

（8）当皮带加载至打滑时，运转时间不能过长，防止损坏皮带。

（9）在皮带飞出的情况下，一般可将皮带调头，再装上，然后进行实验。在皮带调头，实验仍不能进行的情况下，可将电机支座固定螺钉松动，适当调整两个带轮，带轮的轴线平行后，拧紧螺钉，再做实验。

（七）实验报告

实验报告应包括下列内容：

（1）记录原始数据。

（2）记录实验数据并对实验数据进行分析。

（3）绘制效率及滑动率曲线。

第五节　流体动压轴承实验

（一）实验目的

（1）观察径向滑动轴承液体动压润滑油膜的形成过程和现象。

（2）观察载荷和转速改变时径向油膜压力的变化规律。

（3）观察径向滑动轴承油膜的轴向压力分布特点。

（4）测定和绘制滑动轴承径向和轴向油膜压力曲线，求油膜的承载能力。

（5）了解径向滑动轴承的摩擦系数的测量方法和摩擦特性曲线的绘制方法。

（二）实验内容

利用实验台观察滑动轴承的结构及油膜形成的过程，测量其径向油膜压力分布，通过实验可以绘制出摩擦特性曲线、径向油膜压力分布曲线和油膜承载力曲线。

利用计算机对滑动轴承的径向油膜压力分布和摩擦特性曲线进行实测和仿真，观察滑动轴承的机构，测量及仿真其径向油膜压力分布和轴向油膜压力分布，测定及仿真其摩擦特征曲线，将实际和理论有机地结合起来。

（三）实验原理

本部分内容主要介绍 CQH-B 型流体动压滑动轴承实验台的工作原理。

1. 实验台的传动装置构造

如图 3-21 所示，直流电动机 1 通过 V 带 2 驱动主轴 9 沿顺时针（面对实验台面板）方向转动，由无级调速器实现无级调速。本实验台主轴的转速范围为 3~500r/min，主轴的转速通过数码管直接读出。

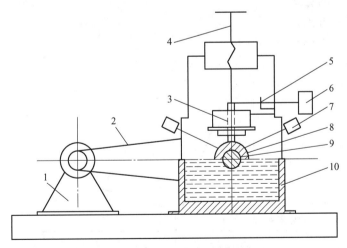

图 3-21　滑动轴承实验台构造示意图

1—直流电动机；2—V 带；3—负载传感器；4—螺旋加载杆；5—弹簧片；6—摩擦力传感器；
7—压力传感器（径向七只，轴向一只）；8—主轴瓦；9—主轴；10—主轴箱

2. 轴与轴瓦间的油膜压力测量装置

轴的材料为 45 号钢，经表现淬火、磨光，由滚动轴承支承在箱体 10 上，轴的下半部

浸泡在润滑油中，本实验台采用的润滑油的牌号为 N68（即旧牌号的 40 号机械油），该油在 20℃时的动力黏度为 0.34Pa·s，主轴瓦 8 的材料为铸锡铅青铜，牌号为 ZCuSnPb5Zn5（即旧牌号 ZQSn6-6-3）。在轴瓦的一个径向平面内沿圆周钻有七个小孔，每个小孔沿圆周相隔 20°，每个小孔联接一个压力传感器 7，用来测量该径向平面内相应点的油膜压力，由此可绘制出径向油膜压力分布曲线。沿轴瓦的一个中间轴向剖面装有两个压力传感器（即 4 号和 8 号压力传感器），用来观察有限长滑动轴承沿轴向的油膜压力分布情况。

3. 加载装置

油膜的径向压力分布曲线是在一定的载荷和一定的转速下绘制的。当载荷改变或轴的转速改变时，所测出的压力值是不同的，所绘出的压力分布曲线也是不同的。转速的改变方法如前所述。本实验台采用螺旋加载，转动螺杆即可改变载荷的大小，所加载荷之值通过传感器数字显示，直接在实验台的操纵板上读出。

4. 摩擦系数 f 测量装置

径向滑动轴承的摩擦系数 f 随轴承的特性系数 λ 值的改变而改变，如图 3-22 所示。特性系数 λ 的表达式如下：

$$\lambda = \frac{\eta n}{p}$$

式中　　η ——油的动力黏度；

n ——主轴的转速；

p ——压力，$p = \dfrac{W}{Bd}$；

W ——轴上的载荷，W = 轴瓦自重 + 外加载荷，本机轴瓦自重为 40N；

B ——轴瓦的宽度；

d ——轴的直径。

本实验台 B = 125mm，d = 70mm。

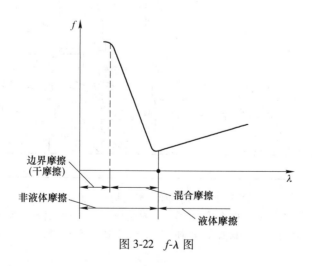

图 3-22　f-λ 图

在边界摩擦阶段时，f 随 λ 的增大而减小；但变化很小，进入混合摩擦阶段后，λ 的

改变引起 f 的急剧变化，当轴承间的摩擦刚转变为液体摩擦时，f 达到最小值，此后，随 λ 的增大，油膜厚度亦随之增大，因而 f 亦有所增大。

摩擦系数 f 可通过下列公式得到：

$$f = \frac{\pi^2}{30\psi} \cdot \frac{\eta n}{p} + 0.55\psi\xi$$

式中　ψ——相对间隙；

　　　ξ——随轴承长径比而变化的系数，对于 $l/d<1$ 的轴承，$\xi = \left(\dfrac{d}{l}\right)^{1.5}$，$l/d \geqslant 1$ 时，$\xi = 1$。

5. 摩擦状态指示装置

指示装置的原理如图 3-23 所示，当轴不转动时，可看到灯泡很亮；当轴在很低的转速下转动时，轴将润滑油带入轴和轴瓦之间收敛性间隙内，但由于此时的油膜很薄，轴与轴瓦之间部分微观不平度的凸峰处仍在接触，故灯忽亮忽暗；当轴的转速达到一定值时，轴与轴瓦之间形成的压力油膜厚度完全遮盖两表面之间微观不平度的凸峰高度，油膜完全将轴与轴瓦隔开，灯泡熄灭。

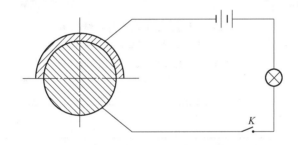

图 3-23　油膜显示装置电路图

（四）实验设备

本实验所使用的实验设备为 CQH-B 型流体动压滑动轴承实验台。

1. 结构特点

实验台主要结构如图 3-24 所示。该实验台主轴 9 由两个高精度的深沟球轴承支承。直流电机 2 通过 V 带 3 驱动主轴 9，主轴顺时针旋转，主轴上装有精密加工制造的主轴瓦 10，由装在底座里的无级调速器实现主轴的无级变速，轴的转速可以通过装在面板 1 上的左数码管直接读出。主轴瓦外圆处被加载装置（图中未显示）压住，旋转螺旋加载杆 5 即可对轴瓦加载，加载大小由负载传感器测出，由面板上右数码管显示。主轴瓦上装有测力杆，通过摩擦力传感器 6 可得出摩擦力值。主轴瓦前端装有 1~7 号七只测径向压力传感器 7，传感器的进油口在轴瓦的 1/2 处。

在轴瓦全长的 1/4 处装有一个测轴向油压的压力传感器，即第 8 号压力传感器，传感器的进油口在轴瓦的 1/4 处。

2. 实验台的操作面板

实验台的操作面板如图 3-25 所示。

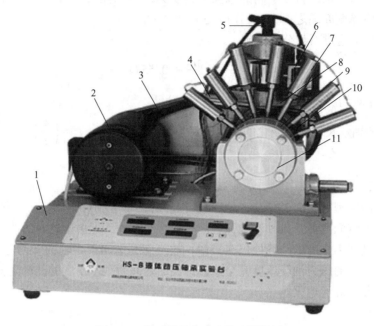

图 3-24　滑动轴承实验台外观结构图

1—操纵面板；2—电机；3—V 带；4—轴向压力传感器；5—螺旋加载杆；6—摩擦力传感器；
7—径向压力传感器（七只）；8—传感器支承板；9—主轴；10—主轴瓦；11—主轴箱

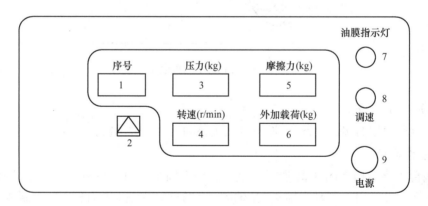

图 3-25　实验台面板布置图

1—传感器序号；2—转换按钮；3—压力显示；4—转速显示；5—摩擦力显示；
6—外加载荷显示；7—油膜指示灯；8—调速旋钮；9—电源开关

3. 电气装置技术性能

（1）直流电动机功率：355W。

（2）测速部分：

1）测速范围：3～500r/min。

2）测速精度：±1r/min。

（3）加载部分：

1）调整范围：0～1000N（0～100kg）。

2）传感器精度：±0.2%（读数）。

（4）工作条件：

1）环境温度：–10~+50℃。

2）相对湿度：≤80%。

3）电源：~200V±10%，50Hz。

4）工作场所：无强烈电磁干扰和腐蚀气体。

（五）实验方法与步骤

1. 实验前的准备

在弹簧片5的端部安装摩擦力传感器6，如图3-21所示，使其触头具有一定的压力值。

2. 测取绘制径向油膜压力分布曲线与承载曲线图

（1）启动电机，将轴的转速逐渐调整到一定值（可取200r/min左右），注意观察从轴开始运转至200r/min的时间段内，灯泡亮度的变化情况，待灯泡完全熄灭，轴承已处于完全液体润滑状态。

（2）用加载装置分几次加载至设定载荷（不要超过1000N，即100kg·f）。待各压力传感器的压力值稳定后，由左至右依次记录各压力传感器的压力值。

（3）卸载、关机。

（4）在普通的均格坐标纸上，根据测出的各压力传感器的压力值按一定比例绘制出油压分布曲线，如图3-26所示。此图的具体画法是：先按照比例画出轴承的半剖面，其中半圆周代表油膜界面，沿着半圆周表面从左到右画出角度分别为30°、50°、70°、90°、110°、130°、150°的射线和与半圆周的交点，即分别得出油孔点1、2、3、4、5、6、7的位置。以各交点为起点，在各射线的延长线上，据压力传感器测出的压力值 P_i，按照比例（如比例：0.1MPa=5mm）画出压力线1—1′、2—2′、3—3′、…、7—7′。然后将0、1′、2′、…、8′各点连成光滑曲线，此曲线就是所测轴承的油膜径向压力分布曲线。

为了确定轴承油膜的承载量，用 $P_i\sin\phi_i$（i=1，2，…，7）求得向量1—1′、2—2′、3—3′、…、7—7′在载荷方向（即 y 轴）的投影值。角度 ϕ_i 与 $\sin\phi_i$ 的数值见表3-2。

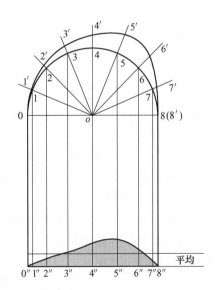

图3-26 油压分布曲线和油膜承载曲线

表3-2 角度 ϕ_i 与 $\sin\phi_i$ 的数值表

$\phi_i/(°)$	30	50	70	90	110	130	150
$\sin\phi_i$	0.5000	0.7660	0.9397	1.0000	0.9397	0.7660	0.5000

然后将 $P_i\sin\phi_i$ 这些平行于 y 轴的向量移到轴承的直径0—8的射线上。为清楚起见，

将直径 0—8 投影到图 3-26 的下部，在轴承直径 $0''$—$8''$ 上先画出轴承表面上的油孔位置的投影点 $1''$、$2''$、…、$8''$，然后通过这些点画出上述相应的各点压力在载荷方向的分量，即 $1'''$、$2'''$、…、$7'''$等点，将各点平滑连接起来，所形成的曲线即为在载荷方向的压力分布。

用数格法计算曲线所围的面积，以 $0''$—$8''$ 为底边做一个矩形，使其面积与曲线所包围的面积相等，那么，矩形的高 $P_{平均}$ 乘以轴瓦宽度 B 再乘以轴的直径 d 便是该轴承油膜的承载量。但考虑端部泄漏造成的压力损失，故油膜承载量为：

$$q = P_{平均} \cdot B \cdot d \cdot \delta$$

式中　$P_{平均}$——径向单位平均压力；

　　　B——轴瓦宽度，取 125mm；

　　　d——轴的直径，取 70mm；

　　　δ——端泄系数，取 0.7。

（5）作轴向油膜压力分布曲线。轴承轴向油膜压力分布曲线的形状是比较简单的，实验证明它沿轴颈长度对称分布并且近似于一抛物线。

在普通的均格坐标纸上，作一水平线段，其长度为轴承有效长度，即 $L=125$mm，并在中点的垂线上按一定的比例尺标出该点的压力 P_a（图 3-26 中压力表 4 的读数），在距两端 $L'=1/4L=31$mm 处分别作垂线，并在垂线上标出压力 P_a'（图 3-26 中压力表 4 的读数）；轴承两端压力均为 0。将五点用圆滑曲线连成一曲线，用前述方法即可求出其平均压力 P_a。

3. 测量摩擦系数 f 与绘制摩擦特性曲线

（1）启动电机，逐渐使电机升速，在转速达到 250～300r/min 时，旋动螺杆，逐渐加载到 700N（70kg·f），稳定转速后减速。

（2）依次记录转速 300～5r/min（300、250、150、100、70、40、A_0），负载为 70kg·f 时的摩擦力（A_0 为油膜指示灯闪烁时对应的转速，降速时注意观察并记录）。

（3）卸载，减速，停机。

（4）根据记录的转速和摩擦力对应的值，计算整理 f 与 λ 值，在均格坐标纸上按一定比例绘制摩擦特性曲线，如图 3-22 所示（实验中只能绘制出曲线临界点右边的图）。

4. 利用计算机进行测试

（1）点击桌面上图标（滑动轴承实验），进入软件的初始界面，如图 3-27 所示。

（2）在初始界面的非文字区单击左键，即可进入滑动轴承实验教学界面，以下简称主界面，如图 3-28 所示。

（3）在主界面上单击［实验指导］键，进入本实验指导文档。拖动垂直滚动条即可查看文档内容，如图 3-29 所示。

（4）单击［实验台参数设置］键，进入参数设定界面，如图 3-30 所示，输入正确的密码后单击上面的［确认］键即可设置参数。参数设定完毕后，系统将按以下公式计算：

压力传感器的值＝压力传感器实测值×K+J

摩擦力的值＝摩擦力实测值×K+J

转速的值＝转速实测值×K+J

负载的值＝负载实测值×K+J

轴瓦长度、轴径、间隙系数、黏度系数等于所设定的值。

图 3-27　软件初始界面

图 3-28　滑动轴承实验教学启动界面

　　参数设定完毕后，单击下面的［确认］键，退出、再重新进入本软件，所做的更改才能生效。

　　在主界面上单击［油膜压力分析］键，进入油膜压力测试界面，如图 3-31 所示。

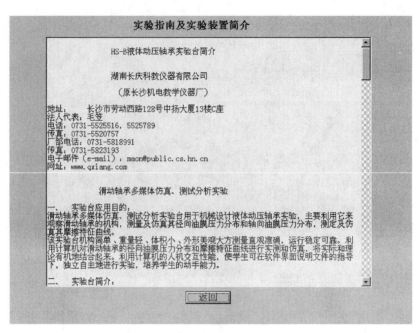

图 3-29　滑动轴承实验指导图

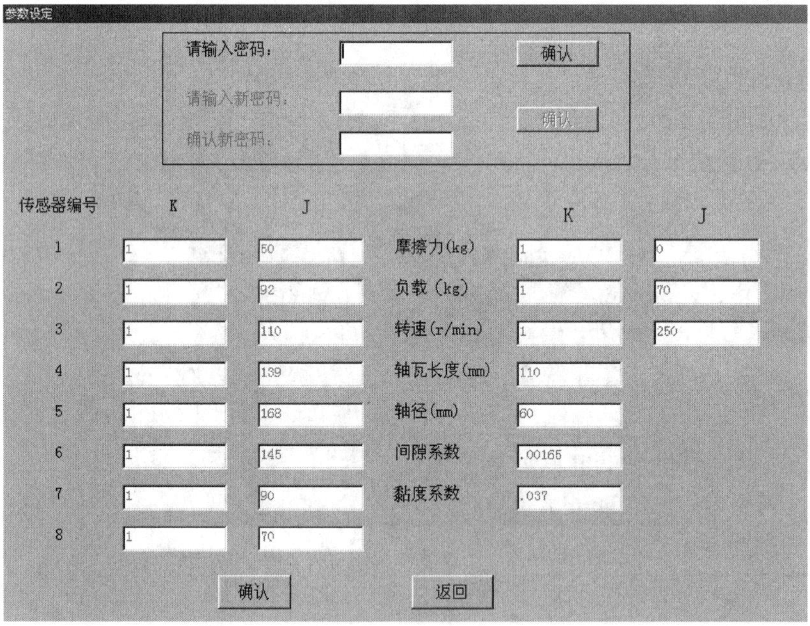

图 3-30　参数设定界面

在滑动轴承油膜压力仿真与测试分析界面上，单击［稳定测试］键，稳定采集滑动轴承各测试数据。测试完后，将给出实测与仿真八个压力传感器位置点的压力值。实测与仿真曲线自动绘出，同时弹出［另存为］对话框，提示保存，选择文件夹完成保存。

单击［手动测试］键，再按图 3-32 中提示框操作，即可进行手动测试。

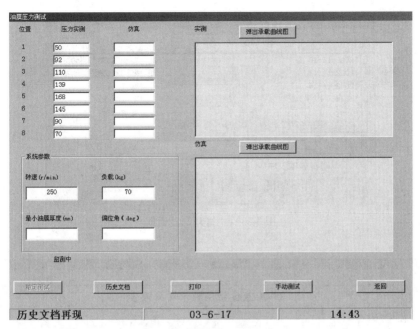

图 3-31　油膜压力分析界面

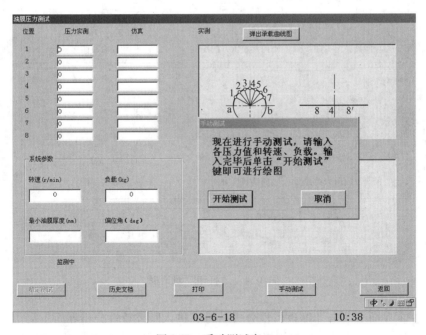

图 3-32　手动测试窗口

单击［历史文档］键，弹出"打开"对话框（如图 3-33 所示），选择后，将历史记录的滑动轴承油膜压力仿真曲线图和实测曲线图显示出来。

单击［打印］键，弹出"打印"对话框，可以预览（如图 3-34 所示）。选择后，将滑动轴承油膜压力仿真曲线图和实测曲线图打印出来。

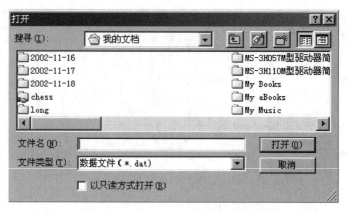

图 3-33　"打开"对话框

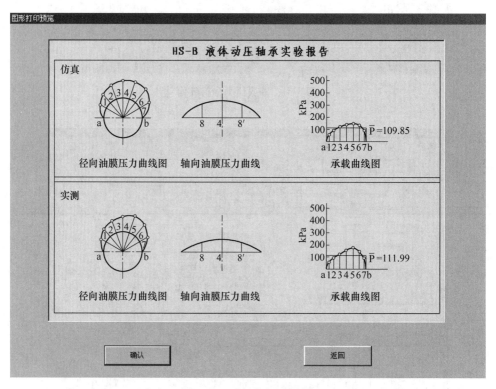

图 3-34　"打印"对话框

（5）在主界面上单击［摩擦特性分析］键，进入摩擦特性分析界面。

启动实验台的电动机，在做滑动轴承摩擦特征仿真与测试实验时，均匀旋动调速按钮，使转速在 250～2r/min 变化，测定滑动轴承所受的摩擦力矩，如图 3-35 所示。

在滑动轴承摩擦特征仿真与测试分析界面上，单击［稳定测试］键，稳定采集滑动轴承各测试数据。一次完成后，在实测图中绘出一点。依次测试转速为 250～2r/min，负载为 70kg·f 时的摩擦力。全部测试完成后，单击［稳定测试］键旁的［结束］键（此键在测试完毕后可见），即可绘制滑动轴承摩擦特征实测仿真曲线图，如图 3-36 所示。

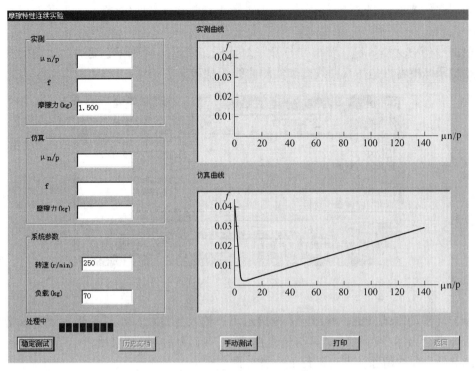

图 3-35 滑动轴承摩擦特性分析界面

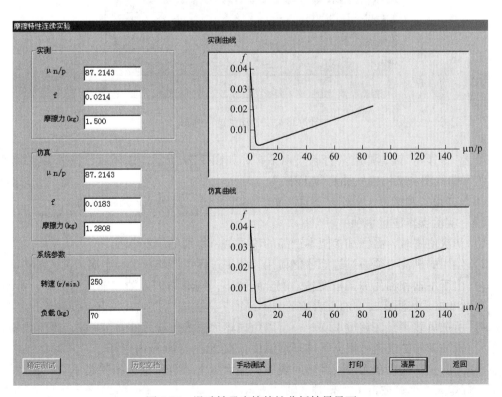

图 3-36 滑动轴承摩擦特性分析结果界面

64

如需再做实验，只需单击［清屏］键，把实测与仿真曲线清除，即可进行下一组实验。

单击［历史文档］键，弹出"打开"对话框，如图 3-37 所示。选择后，将历史记录的滑动轴承摩擦特性的仿真曲线图和实测曲线图显示出来。

图 3-37 "打开"对话框

单击［手动测试］键，弹出输入框提示用户输入各参数，如图 3-38 所示，参数输入完毕后即可绘出摩擦特性的实测与仿真曲线。一组手动测试结束后，单击［清屏］键，把实测与仿真曲线清除，即可进行下一组实验。

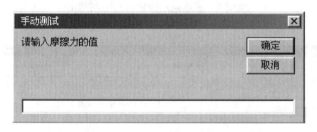

图 3-38 "手动测试"弹窗

单击［打印］键，弹出"打印"对话框，如图 3-39 所示，选择后，将滑动轴承摩擦特性仿真曲线图和实测曲线图打印出来。

（6）如果实验结束，单击主界面上的［退出］键，返回 Windows 界面。

（7）实验操作注意事项：

1）初次使用时，需仔细参阅本产品的说明书，特别是注意事项。

2）使用的机油必须通过过滤才能使用，使用过程中严禁灰尘及金属屑混入油内。

3）由于主轴和轴瓦加工精度高，配合间隙小，润滑油进入轴和轴瓦间隙后，不易流失，在做摩擦系数测定时，油压表的压力不易回零。需人为把轴瓦抬起，使油流出。

4）所加负载不允许超过 120kg·f，以免损坏负载传感器元件。

5）机油牌号的选择可根据具体环境温度，在 20 号~40 号内选择。

6）为防止主轴瓦在无油膜运转时烧坏，在面板上装有无油膜报警指示灯，正常工作时指示灯熄灭，严禁在指示灯亮时主轴高速运转。

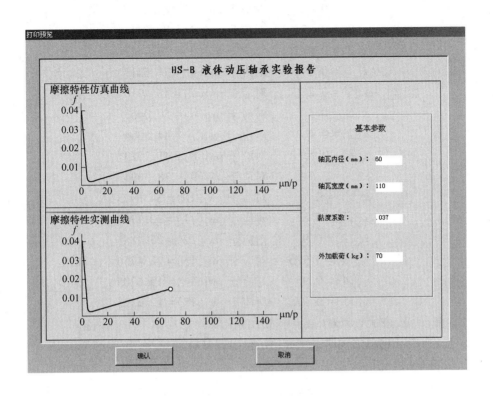

图 3-39 "打印"对话框

5. 软件设计中有关参数的说明

（1）相对间隙：

$$\psi = (D - d)/d = \frac{\delta}{r} \qquad (3\text{-}10)$$

计算如下：

$$d \cdot n = 15000 < 50000$$
$$D - d = 0.0007d + 0.008 = 0.05$$
$$\psi = (D - d)/d = 0.05/60 = 0.0008$$

（2）轴承的承载系数：

$$Cp = P \cdot \psi^2 / (\mu \cdot \omega \cdot d \cdot l) \qquad (3\text{-}11)$$

式中 P——负载，N，由实测得出；

　　　μ——黏度系数，N·S/m²；

　　　ω——角速度，rad/s。

（3）最小油膜厚度：

$$h_{\min} = r\psi(1 - \chi) \qquad (3\text{-}12)$$

根据 Cp 和长径比 l/d 查表得出 χ 值。代入式（3-12）即可得出最小油膜厚度。

（4）偏位角，即轴承和轴径的连心线与外载荷方向形成的夹角。

计算如下（查轴承手册表）：

x(1)= 0.025	对应于 pwj(1)= 84.2287
x(2)= 0.05	对应于 pwj(2)= 80.241
x(3)= 0.075	对应于 pwj(3)= 75.7417
x(4)= 0.1	对应于 pwj(4)= 71.6417
x(5)= 0.2	对应于 pwj(5)= 58.4916
x(6)= 0.3	对应于 pwj(6)= 50.0453
x(7)= 0.4	对应于 pwj(7)= 44.8064
x(8)= 0.5	对应于 pwj(8)= 41.7523
x(9)= 0.6	对应于 pwj(9)= 38.3694
x(10)= 0.7	对应于 pwj(10)= 34.8923
x(11)= 0.8	对应于 pwj(11)= 30.1785
x(12)= 0.9	对应于 pwj(12)= 25.4885
x(13)= 0.925	对应于 pwj(13)= 22.4756
x(14)= 0.95	对应于 pwj(14)= 19.6205
x(15)= 0.975	对应于 pwj(15)= 12.6375

其中，x（ ）表示 χ，pwj（ ）表示偏位角。

当 x（ ）处于两值之间时采用插值法得出偏位角。

（5）摩擦系数 f：

$$f = \frac{\pi^2}{30\psi} \cdot \frac{\mu n}{p} + 0.55\psi\xi \tag{3-13}$$

式中　ψ——相对间隙；

　　ξ——随轴承长径比而变化的系数，对于 $l/d<1$ 的轴承，$\xi = \left(\frac{d}{l}\right)^{1.5}$，$l/d \geqslant 1$ 时，

　　$\xi = 1$；

　　$\frac{\mu n}{p}$——轴承特性系数。

式（3-13）适用于液体摩擦状态。即在摩擦特性曲线中处于拐点右侧。仿真中拐点右侧按式（3-13）计算得出，拐点左侧通过大量实验得出。

（六）实验报告

根据实验原理和步骤，实验报告应包括下列内容：

（1）原始数据记录。

（2）实验数据记录及分析。

（3）绘制油膜压力曲线及承载曲线。

第四章　综合性实验

　　综合性实验一般涉及较广，甚至涉及课程外的专业知识。就本章而言，机械运动学、动力学参数是机电产品设计的根据，有的参数甚至是设计的重要指标，直接影响到产品的工作效率、可靠性及寿命，也是深入研究机械性能的基础。机械性能是机器或零部件评价的重要指标。因此，运动学、动力学参数测定和性能测试实验有利于学生巩固和应用机械原理和机械设计中的相关理论知识，同时有利于学生掌握必要的测试方法，取得一定的实践经验，便于指导今后的工程实践活动。

第一节　机构运动参数测定和分析实验

（一）实验目的
（1）了解机构运动参数测量的手段和方法；
（2）掌握一些通用仪器的使用方法；
（3）通过测试对试验数据做出分析，并找出数据误差的原因；
（4）该方法也适合于机械振动的测试，以利学生掌握测振的基本方法；
（5）培养学生的实验技能和动手能力。

（二）实验内容
　　按要求搭建机构运动参数测试系统，利用与被测构件相连的压电式加速度传感器，将被测构件的运动参数变成电信号，再通过 A/D 转换的曲线，并画出运动参数变化曲线，并与理论曲线比较，分析差异的原因。

（三）实验原理
　　本实验是利用定型仪表冲床作为被测对象，其机构运动简图如图 4-1 所示。

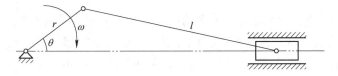

图 4-1　仪表冲床机构运动简图

冲床主要机构的基本参数（参考）为：
曲柄长：$r = 13$mm；
连杆长：$l = 135.8$mm；
冲头往复次数：266 次/min。
本实验是利用与被测构件相连的压电晶体加速度传感器，将被测构件的运动参数变成电信号，然后通过电荷放大器放大，得到合适的电信号，再通过 CRAS 采集箱的模数转换、放大装置，由计算机实现采样，获得仪表冲床冲头的运动参数数据，这些数据经专用软件处理，可以用计算机在线显示其变化的曲线，并可以对曲线上任一点进行数据处理。测试仪器联接框图如图 4-2 所示。

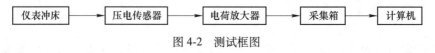

图 4-2 测试框图

（四）实验仪器设备

1. 传感器

本实验所用的传感器为压电晶体加速度传感器，该传感器能把机械量（即位移 S、速度 V、加速度 g）转变为电信号，且输出的电信号与加速度呈线性关系。电信号的变化真实地反映了加速度的变化。压电晶体加速度传感器的结构原理如图 4-3（a）所示，它由底座、压电晶体、质量块、外壳等组成。其力学模型为单自由度质量-弹簧系统，如图 4-3（b）所示。当传感器随振动体一起振动时，质量块因加速度产生的惯性力作用在压电晶体上，由于压电效应，在压电晶体两端产生与惯性力成正比的电信号。当质量块质量一定时，惯性力便与加速度成正比，故电信号与加速度成正比，电信号的变化和大小反映了加速度的变化和大小。

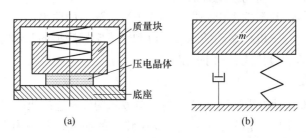

图 4-3 压电式加速度传感器

（a）结构原理；（b）力学模型

2. 电荷放大器

CA-3 型双积分电荷放大器是一种多功能的前置放大器，其输出电压正比于输入电荷量。本仪器由电荷放大器、积分器 I、积分器 II、低通滤波器、输出放大器、DC/DC 电源交换器组成。仪器面板如图 4-4（a）所示，原理如图 4-4（b）所示。

根据加速度的一次积分是速度、二次积分是位移的原理，机内装有源积分网络，能把振动加速度信号转变为速度、位移信号。

3. CRAS

CRAS 是一种随机信号与振动分析系统的简称，是由计算机、A/D 卡、传感器、放大器及 CRAS 系列软件组成，由 QL-001 总线接口箱接收电荷放大器的瞬态电压信号，通过 CRAS 提供的模数转换、放大装置，由计算机实现采样，并可进一步分析处理。QL-001 总线接口箱正面板如图 4-5（a）所示，背面板如图 4-5（b）所示。

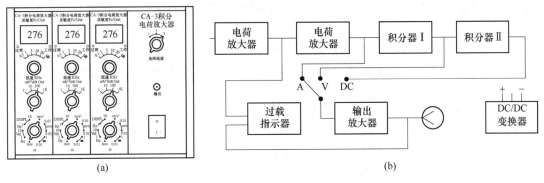

图 4-4 CA-3 型双积分电荷放大器

（a）电荷放人器面板；（b）电荷放人器原理图

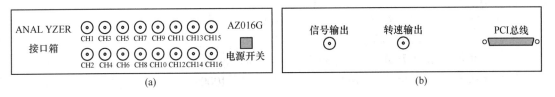

图 4-5 总线接口箱

（a）接口箱正面板；（b）接口箱背面板

（五）实验步骤

（1）按图 4-6 所示把各仪器联接好。

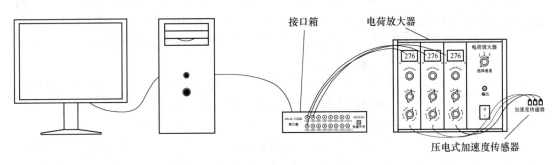

图 4-6 设备联接示意图

（2）设定电荷放大器参数。

1）把测定的各传感器的灵敏度数值，自左向右拨入传感器灵敏度调节开关。对照传感器灵敏度的十进范围选择倍率：

0.1~1.1 pC/ms^{-2}（1~11 C/g）倍率为 10；

1~11 pC/ms^{-2}（10~110 C/g）倍率为 1；

10~110 pC/ms^{-2}（100~1100 C/g）倍率为 0.1。

若灵敏度超出给出范围，可应用上述对应关系确定倍率乘 100 或乘 0.01 等。

2）自左向右依次在三个电荷放大器的 A、V、D 及下限频率开关选择位移为 1mm，对应的下限频率为 1Hz；速度为 0.1m/s，对应的下限频率为 1Hz；加速度为 $1m/s^2$，对应的下限频率为 1Hz。

3）三电荷放大器的上限频率开关置于 10kHz。

4）对应 A、V、D 开关选择位移、速度、加速度的三电荷放大器，量程开关分别置为 100、100、1000。

（3）检查各联接处，确保联接良好后，打开各仪器电源开关预热。启动计算机进入操作系统，在桌面上双击 CRAS V5.1，然后点击数据采集及处理，进入数据采集程序。

1）在菜单栏，点击"作业"，在对话框中输入作业名"D：/DAT/学号"，并选择"四通道"，点击"确定"结束对话框。

2）在菜单栏，点击"参数设置"，选择：

"采样频率"为 1280Hz；

"数据块数"为 2；

"触发参数"为自由运行；

"电压范围"为 ±5000mV；

"工程单位"分别为 ch1—mm、ch2—m/s、ch3—m/s^2；

"校正因子"分别为 ch1—100、ch2—100、ch3—1000；

"通道标记"选缺省值；

"采集控制"为监视采集、逐页显示；

点击"确定"结束对话框。

3）启动压力机电源，若 YE5858 电荷放大器过载灯亮，则此电荷放大器的量程倍率和通道参数须重新设定。

4）点击"实时示波"，查看各通道波形有无超出设定的界限。若有超出界限的，则此通道参数须重新设定；若无超出界限的，点击右下角"停止"，关闭"实时示波"。

5）点击"数据采集"，可以看到采集两块数据后，自动停止采集并显示第一页波形，各通道的右侧有一些相应的参数示值。

6）对每一通道进行数据处理时，可点击波形右侧的通道名称，此时此通道整屏显示，按 X+、X-和 Y+、Y-可以得到波形横向和纵向的缩小、放大，把波形调整到一个合适的位置（一般波形纵向到满程的 70%~80%，横向包含一个完整的周期）。

7）在一个完整的周期曲线上，沿时间轴选择 13 个特征点（包含始点、拐点和终点），记录其数值。按屏幕左上角"→"或"←"箭头，可以看到一光标线沿时间轴移动，拖到合适的曲线位置，点击屏幕左上角两箭头中间的"M"，便可得到此点的电压值，此电压值会自动填写在曲线上方的表格内。

（六）实验报告

（1）将测得的位移、速度、加速度信号电压值代入下列公式，得到相应被测机械量，填入实验报告内。

被测机械量＝量程倍率×单位额定机械量×传感器倍率×输出电压值

例如：某时刻速度测量各参数为：量程倍率为×100；单位额定机械量为 $0.01ms^{-1}$；传感器倍率为×10；输出电压为 4.5mV。则：

被测机械量＝100×0.01×10×4.5＝45（ms^{-1}）

（2）根据曲柄滑块机构的运动方程式算出位移、速度、加速度的理论值，其方程为：

位移：
$$S = r\left(1 - \cos\varphi + \frac{r}{2l}\sin^2\varphi\right) \tag{4-1}$$

速度：
$$V = r\omega\left(\sin\varphi + \frac{r}{2l}\sin2\varphi\right) \tag{4-2}$$

加速度：
$$a = r\omega^2\left(\cos\varphi + \frac{r}{l}\cos2\varphi\right) \tag{4-3}$$

式中　　φ——曲柄位置角；

n——曲柄转速，r/min；

r——曲柄长，$r = 13$mm；

l——连杆长，$l = 135.8$mm；

ω——曲柄角速度，$\omega = \dfrac{\pi n}{30}$。

将计算的结果填入实验报告。

（3）将理论曲线和实测曲线用不同线型绘制在同一个坐标系内，并且两种曲线的起始相位应一致。

第二节 精密齿轮传动系统的精度实验

（一）实验目的

（1）加深理解"单向传动误差"和"回差"这两个基本概念；

（2）初步掌握单向传动误差测试和回差测试的基本方法。

（二）实验内容

按要求搭建和调试齿轮静态精度测试系统，并测量精密齿轮传动系统的精度，将测试结果与理论值进行比较，分析误差原因。

（三）实验原理

精密齿轮传动要求准确地传递转角，即要求输入轴每转过一个角度输出轴应按理论传动比的关系准确地转过相应的角度：

$$\varphi_{出} = \frac{\varphi_{\lambda}}{i} \tag{4-4}$$

但是由于加工、装配、使用过程中都不可避免会产生误差，致使输出角的实际转角与理论转角不相等，存在转角误差 $\Delta\varphi_{出}$。

影响传动精度的误差有两类，一类是"单向传动误差"，另一类是"空回误差"或简称"回差"。

1. 单向传动误差的测试

单向传动误差定义为当输入轴单向回转时，输出轴转角的实际值对理论值的变动量，用输出轴旋转一圈范围内，实际转角与理论转角的最大差值来衡量。

单向传动误差的测试，就是在输出轴单向旋转一圈的过程中，等间隔地测量足够多个点，测出每一点上实际转角相对于理论转角的角度偏差 $\Delta\varphi_{出}$，所得最大值 $\Delta\varphi_{出max}$ 与最小值 $\Delta\varphi_{出min}$ 之差就是传动装置的单向传动误差。

$$\Delta\varphi_{出} = \varphi_{出max} - \varphi_{出min} \tag{4-5}$$

若将测得的转角误差绘成误差曲线，如图 4-7 所示，则误差曲线的总幅值就是单向传动误差 $\Delta\varphi_{出}$。

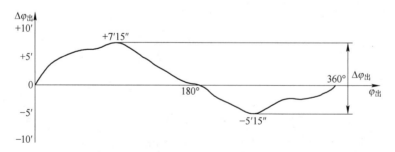

图 4-7 单向误差曲线

单向传动误差的测试方法很多，可以进行动态测试，也可以进行静态测试，可以用机械的方法，也可以用电的或光学的方法。常用的是静态测试方法，静态测试的优点是适应性强，根据不同的精度要求和设备条件可采用不同的方法，缺点是一次只能测得齿轮传动装置在某一特定位置的一个转角误差，要得到传动装置的单向传动误差需反复测量许多次。

静态测试中最精密的测试方法是联合使用光学棱镜和自准直仪（如图4-8所示），也可以一端用精密光学分度头或经纬仪代替。

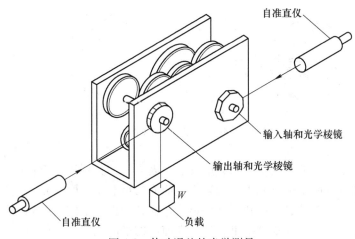

图 4-8　传动误差的光学测量

2. 回差的测试

齿轮传动中，当输入轴改变回转方向时，输出轴不能立即随之反向转动的现象称为空回，输出轴滞后的角度即空回量称作回差。

齿轮传动装置的空回是由传动链各运动副之间的间隙及其构件的弹性变形造成的，因此回差可分为间隙回差和弹变回差两部分。在小功率系统中，有影响的主要是间隙空回，所以单测量间隙回差即可。间隙回差的大小与负载无关，因此可以在空载下测试。

间隙回差的另一个重要特征是其随啮合位置的变化而变化，这是因为由齿轮轴线与旋转中心之间的偏心等引起的回差是周期性变化的，因而测试时必须对足够多的点进行测量。

测试方法为：顺、反向转动输入轴（改变轮齿啮合面）到某一位置，分别测出输出轴可能产生的转角，两次转角之差就是输出轴在这一点的回差值，依此反复进行，在输出轴一圈范围内测量足够多的点，找出其中的最大回差值作为传动装置的回差。

（四）实验仪器设备

图4-9是双分划板式自准直仪的光学系统原理图，它由一块析光棱镜、两块分划板（其中一块称为辅助分划板）、毛玻璃、目镜、照明灯泡、物镜等组成。析光棱镜由两块相同的等腰直角棱镜胶合而成，光速通过它时被分成两部分，一部分直接透过，另一部分被反射。分划板与辅助分划板与析光棱镜两个面的距离相等，且都位于物镜的焦平面上，辅助分划板上镀有反射膜层，膜层上刻有透明的十字线，分划板上刻有分划刻线。

自准直仪测量原理如下：测量时，在物镜之前加一平面反射镜，照明灯泡发出的光通过毛玻璃发生了散射，照亮了辅助分划板上的透明十字线，这个透明十字线上每一点发出

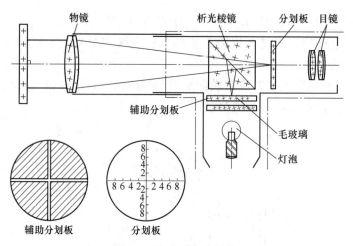

图 4-9　自准直仪的结构

的光线经过析光棱镜，被透明半反射膜层反射。因为辅助分划板位于物镜焦平面上，所以这些光经过物镜后变成了平行光束。如果物镜前面的反射镜表面与光轴严格地垂直，则经过反射镜反射回来，再经过物镜和析光棱镜后，在分划板上得到辅助分划板上的透明十字线像，该像与分划板十字分划刻线重合。如果前面的平面反射镜表面与光轴不垂直，则反射回来的透明十字线像就不与分划板十字分划刻线重合，在分划板上可以直接读出该偏离量 e，见图 4-10。反射镜偏离 α 角时，有 $e=f'\tan2\alpha$（f' 为物镜焦距），因为自准直仪视场很小，有 $\tan\alpha \approx 2\alpha$，故 $\alpha = \dfrac{e}{2f}$，通过刻度变换，则可从分划板上直接读出角度偏差 α。

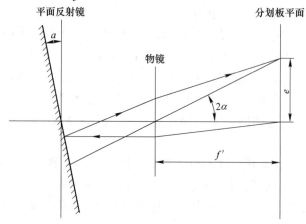

图 4-10　自准直仪的原理

（五）实验步骤

1. 安装

试验台布局安装示意图如图 4-11 所示。齿轮传动装置的输入、输出轴分别用精密光学分度头的前后顶尖校正定位；传动装置的外壳用与分度头中心高相等的支架托住、固定。转动分度头的手轮，通过鸡心夹或三爪带动输入轴旋转，校正输出轴的径向跳动，限制在 0.01mm 左右。

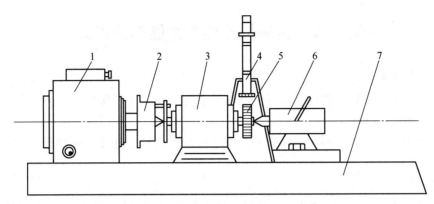

图 4-11 试验台布局安装示意图

1—精密光学分度头；2—鸡心夹头；3—被测减速器；4—自准直仪；5—光学棱镜；6—尾架；7—测量平台

齿轮传动装置的输出轴上固定一个光学棱镜，棱镜上方安有自准直仪，从自准直仪的目镜中读取输出轴的转角偏差。

2. 校正

缓慢地转动输入轴，使平行光管基本垂直光学棱镜的某一棱面，让反射标尺进入视场，并继续调整到零位。

3. 测量

（1）单向传动误差的测量。根据被测传动装置的传动比 i 的大小及光学棱镜的面数 n，选定一个方向（顺时向或逆时向），把输入轴准确地转过一定角度 $\varphi_{\lambda}=i\dfrac{360°}{n}$，使输出轴上的光学棱镜从某一棱面转到另一棱面，从自准直仪中读出输出轴的角度偏差 $\Delta\varphi_{出1}$ 并记录下来，按原来的方向继续转动输入轴，让光学棱镜再转过一个面，读出 $\Delta\varphi_{出2}$，并记录，依次重复以上步骤，直至输出轴转满一圈，测得一组转角误差值为止。

注意：转动输入轴时，始终向一个方向旋转，不要来回摆动，以免带进回差，影响测量准确度。

（2）回差的测量。顺时针方向转动输入轴到某一位置，从自准直仪中读取一数值；继续顺时针方向转过足够大角度后逆时向回到原位，再从自准直仪中读取一个数值；两次读数之差就是输出轴在这一点的回差值。转动输入轴让输出轴上的光学棱镜转过一个面，重复前述方法测出第二点的回差，依次进行，直至输出轴转满一圈，测得一组回差值为止。

4. 注意事项

每次改变位置时，必须先逆时针方向转过足够大的角度后再顺时针方向转动，以排除前一点回差对后一点回差的影响。

（六）实验报告要求

实验报告应包括下列内容：

（1）原始数据记录。

（2）实验数据记录及分析。

（3）绘制单向误差曲线。

第三节　机械传动综合性能测试实验

（一）实验目的

（1）通过实验了解齿轮减速器等机械传动机构综合性能的常用测试方法和常用仪器设备的使用及连接方法；

（2）加深对"摩擦和机械传动效率"所学内容的理解，并建立齿轮传动效率的定量概念。

（二）实验内容

按测试要求的不同，搭建典型机械传动综合性能测试装置，通过变频调速器、电机、转速转矩传感器、被测齿轮传动装置、磁粉制动器和稳流电源、数据采集和处理设备输出功率和转速、扭矩和温升等，得到传动装置的效率、温升等曲线，分析测试结果。

（三）实验原理

一般机械传动装置综合性能的测试内容包括：转速、扭矩、功率、效率、振动、噪声和温升等。而其中机械传动效率是评价机械传动装置综合性能的重要指标。

输入功率等于输出功率与机械内部损耗功率之和，即：

$$N_i = N_0 + N_f \tag{4-6}$$

式中　N_i——输入功率；

　　　N_0——输出功率；

　　　N_f——克服机械内部摩擦所消耗功率。

则机械效率 η 为：

$$\eta = \frac{N_0}{N_i} \tag{4-7}$$

由力学知识可知，对于机械传动若设其载荷力矩为 M，角速度为 ω，则对应的功率有如下关系：

$$N = M\omega = \frac{2\pi n}{60} M \tag{4-8}$$

式中　n——传动机械的转速，r/min。

所以，传动效率 η 可改写为：

$$\eta = \frac{M_0 n_0}{M_i n_i} \tag{4-9}$$

式中　M_0，M_i——分别为传动机械输入、输出扭矩；

　　　n_0，n_i——分别为传动机械输入、输出转速。

因此，若能利用仪器测出齿轮减速器等传动机械的输入转矩和转速，以及输出转矩和转速，就可以计算出传动效率。

同时，被测齿轮减速器等传动机械的传动比 i 为：

$$i = \frac{n_i}{n_0} \tag{4-10}$$

故在已知传动比 i 的情况下，在测定 M_0、M_i 以后，可直接用下式计算出传动效率 η：

$$\eta = \frac{M_0}{M_i} \tag{4-11}$$

（四）主要实验仪器及设备

1. IF-1.5K 型变频调速器

变频器主要由整流（交流变直流）、滤波、再次整流（直流变交流）、制动单元、驱动单元、检测单元微处理单元等组成的。

变频器是把工频电源（50Hz 或 60Hz）变换成各种频率的交流电源，以实现电机的变速运行的设备，其中控制电路完成对主电路的控制，整流电路将交流电变换成直流电，直流中间电路对整流电路的输出进行平滑滤波，逆变电路将直流电再逆成交流电。对于如矢量控制变频器这种需要大量运算的变频器来说，有时还需要一个进行转矩计算的 CPU 以及一些相应的电路。变频调速是通过改变电机定子绕组供电的频率来达到调速的目的。IF-1.5K 型变频调速器的操作面板及接线端子如图 4-12 所示。

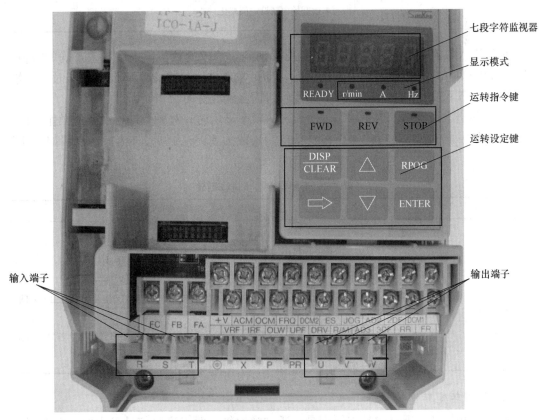

图 4-12 操作面板及接线端子

IF-1.5K 型变频调速器的频率设定方法有两种，一是直接设定频率，二是步进设定频率。

（1）直接设定频率。直接以数值设定频率的方法步骤（以直接把 5Hz 改为 50Hz 为例）如表 4-1 所示。

表 4-1　步频器参数直接设定表

操　作	显　示	说　明
	5.00 或 5.00	状态显示模式（显示频率）
⇨	**0**05.00	最左位闪亮，以显示是输入位
⇨	0**0**5.00	随按下 ⇨，闪亮位向右移动。在最右位时，移到最左位
△　▽ 或 ⇨ △　▽ 或	05**5**.00 05**5**00 05**5**00	随按下 △，闪亮位的数字按 0，1，2，3，4，5，6，7，8，9，0…的顺序循环显示； 随按下 ▽，闪亮位的数按 9，8，7，6，5，4，3，2，1，0，9…的顺序循环显示
ENTER	**50.00** 或 50.00	作为频率的新设定值而存储。显示恢复为状态显示模式，若是运转中，输出频率就开始向新设定值变化

重新输入数值时，使用 ⇨ 键将闪亮位移动到要修改的数值位上后输入正确的数值，或按 DISP/CLEAR 键，返回输入前的显示，即可重新输入。终止频率设定操作时，在输入位闪亮状态下按 DISP/CLEAR 键，即可回到状态显示模式。

（2）步进设定频率。这是状态显示模式的频率显示时，对频率进行微调的操作方法。在运转中和停止中均可进行此项操作。以把 5Hz 改为 50Hz 为例，具体操作步骤如表 4-2 所示。

表 4-2　步频器参数步进设定表

操　作	显　示	说　明
	5.00 或 5.00	状态显示模式（显示频率或无单位显示）
△　▽ 或	5.00 5.01 ⇩ 49.00 50.00	按下 △ 或 ▽ 键，则显示当时的频率。此后在按 △ 或 ▽ 键之间，显示会增加或减少； 按完 △ 或 ▽ 键时，该显示就被存储为新的频率设定值。若是正在运转，输出频率就开始向新设定值变化

2. JC 型转矩转速传感器

JC 型转矩转速传感器的基本原理是：通过弹性轴、两组磁电信号发生器，把被测转矩、转速转换成具有相位差的两组交流电信号，这两组交流电信号的频率相同且与轴的转速成正比，而其相位差的变化部分又与被测转矩成正比。

JC 型转矩转速传感器的工作原理如图 4-13 所示。在弹性轴的两端安装有两只信号齿轮，在两齿轮的上方各装有一组信号线圈，在信号线圈内均装有磁钢，与信号齿轮组成磁电信号发生器。当信号齿轮随弹性轴转动时，由于信号齿轮的齿顶及齿谷交替周期性地扫

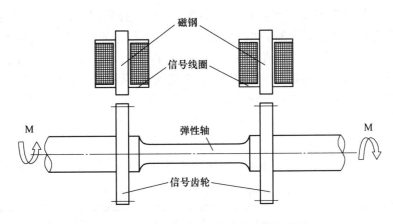

图 4-13 JC 型转矩转速传感器工作原理图

过磁钢的底部，使气隙磁导产生周期性的变化，线圈内部的磁通量亦产生周期性变化，使线圈中感应出近似正弦波的交流电信号。这两组交流电信号的频率相同且与轴的转速成正比，因此可以用来测量转速。这两组交流电信号之间的相位与其安装的相对位置及弹性轴所传递扭矩的大小及方向有关。当弹性轴不受扭时，两组交流电信号之间的相位差只与信号线圈及齿轮的安装相对位置有关，这一相位差一般称为初始相位差，在设计制造时，使其相差半个齿距左右，即两组交流电信号之间的初始相位差在 180° 左右。在弹性轴受扭时，将产生扭转变形，使两组交流电信号之间的相位差发生变化，在弹性变形范围内，相位差变化的绝对值与转矩的大小成正比。把这两组交流电信号用专用屏蔽电缆线送入 JW 型微机扭矩仪，即可得到转矩、转速及功率的精确值。图 4-14 是 JC 型转矩转速传感器机

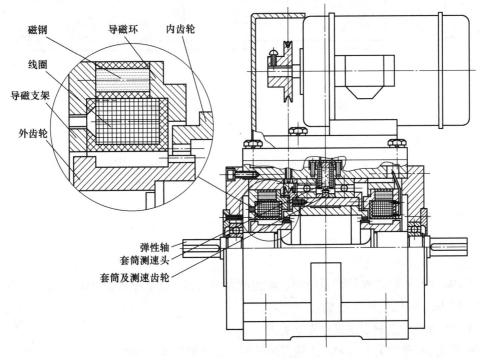

图 4-14 JC 型转矩转速传感器机械结构图

械结构图，其结构与图 4-12 工作原理图的差别是，为了提高测量精度及信号幅值，两端的信号发生器是由安装在弹性轴上的外齿轮、安装在套筒内的内齿轮、固定在机座内的导磁环、磁钢、线圈及导磁支架组成封闭的磁路。其中，外齿轮、内齿轮是齿数相同互相脱开不相啮合的。套筒的作用是当弹性轴的转速较低或者不转时，通过传感器顶部的小电动机及齿轮或皮带传动链带动套筒，使内齿轮反向转动，提高了内、外齿轮之间的相对转速，保证了转矩测量精度。

3. 转矩转速仪

ZJYW1 型转矩转速仪是测量转矩、转速的测量仪器。前、后面板布置如图 4-15 所示。

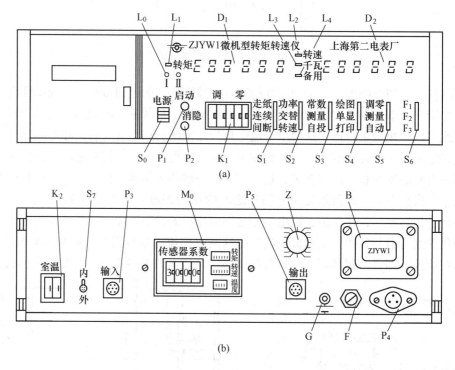

图 4-15 ZJYW1 型转矩转速仪前、后面板

（a）前面板；（b）后面板

P_1—起动按钮；P_2—消隐按钮；K_1—调零按钮；$S_0 \sim S_7$—控制开关；D_1—数码管；$L_1 \sim L_4$—指示灯；

D_2—数码管；L_0—指示灯；P_4—电源输入插座；$F_1 \sim F_3$—保险丝座；G—接线柱；B—变压器；

Z—散热器；P_5—输出插座；M_0—常数设定开关组；P_3—输入插座；K_2—室温开关

4. 稳流电源

稳流电源的前、后面板如图 4-16 所示。

5. PI-100 型转矩转速仪

PI-100 型转矩转速仪是测量转矩、转速的测量仪器。前面板如图 4-17 所示。

6. PI-911 微机型测试系统

PI-911 微机型测试系统操作界面如图 4-18 所示。

被测减速器速比为 $i = 100$。实验安装简图及工作原理如下所示。

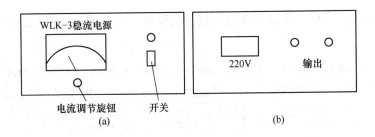

图 4-16　稳流电源前、后面板
（a）前面板；（b）后面板

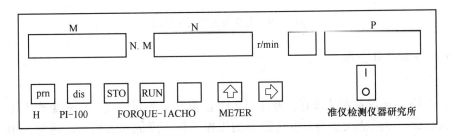

图 4-17　PI-100 型转矩转速仪操作面板

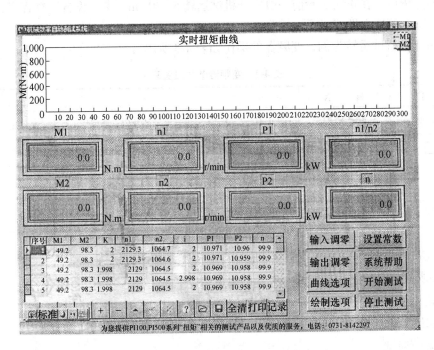

图 4-18　PI-911 微机型测试系统操作界面

　　实验装置的安装简图如图 4-19 所示。原动机（电机）将动力和运动（转动）经联轴器 I、传感器 I、联轴器 II 传递给被测减速器的输入轴，经减速后，从减速器的输出轴输出，再经联轴器 III、传感器 II、联轴器 IV 传递给磁粉制动器。传感器 I 的信号输入到转矩转速仪 I，测出输入扭矩 M_1 和转速 n_1。传感器 II 的信号输入到转矩转速仪 II，测出输入

扭矩 M_0 和转速 n_0。最后，将动力传递给磁粉制动器（加载器），使减速器在所需的负载下工作。

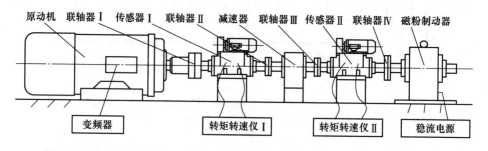

图 4-19　实验装置的安装简图

（五）实验操作步骤

1. 安装设备

按图 4-19 将各设备安装接好，并注意各个设备之间的同轴度，以避免产生不必要的弯矩，从而保证测量精度。为改变传感器的工作条件，降低安装要求，通常采用柔性联轴节。

安装完毕后，在正式实验前一般应开机试运转 5~30min，考核设备可靠程度，发现异常振动和噪声等应立即停机予以排除。

以 5Hz 进行试运转为例，变频器的操作如表 4-3 所示。

表 4-3　变频器参数设置表

操　作	显　示	说　　明
投入电源	**8.88**	停止中的 7 段字符监视器显示的数值全部闪灯，以表示是停止中
△	**5.88**	对到要设定的数值
FWD　或　REV	*5.00*	7 段字符监视器的显示变为亮灯
STOP	**5.88**	7 段字符监视器的显示变为表示停止中的闪灯

2. 联接电源线

按要求接好磁粉制动器和稳流电源的电源线。

3. 联接信号线

按要求接好传感器和转矩转速仪之间的信号线，并接好转矩转速仪电源。

4. 运转测试

按要求设置变频器运行参数，并以两种工况进行运转测试：

（1）输入电压频率为 50Hz；

（2）输入电压频率为 20Hz。

5. 测试仪器

（1）用 ZJYW1 型转矩转速仪测量。

1）ZJYW1 型转矩转速仪的自校。

①向上开启 S_0，此时 D_1、D_2 应立即点亮。若最后一位未亮，按一下 P_2，即可显示出 5 位数（注意：S_1 及 S_2 不要先放在"走纸"及"打印"或"绘图"位置上）。

②将 S_2 拨到"自校"，S_4 拨到"自动"。此时，D_1、D_2 应自动作 00000、11111、…、99999 轮番显示；L_1、L_2、L_3、L_4 及所有数码管的小数点及两组数码管前的符号 E 和 C 交替点亮；仪器内蜂鸣器交替鸣叫，表示仪器的显示功能正常。

2）通过常数设定开关组 M_0 设定常数。

①设定传感器系数：拨动"系数设定"拨盘开关，使开关上的设定值为传感器的标定系数值（对系数在 1600 左右的老系数应先乘以 5 再拨入）。

②设定额定转矩：通过改变"转矩"双列直插微型开关上编号为 2～6 各位接点的通断，设定传感器的额定转矩。该"转矩"开关的第一位可在任意位置上。2、3 位的组合决定量程，4、5、6 位的组合决定倍率。组合表如表 4-4 所示（开关向下为通）。

表 4-4 量程与倍率设置表

量 程	2	3	倍 率	4	5	6
1	断	断	×0.1	断	断	通
2	断	通	×1	断	通	断
5	通	断	×10	断	通	通
			×100	通	断	断
			×1000	通	断	通
			×10000	通	通	断

③设定齿数：通过改变"转速"双列直插微型开关上编号为 1、2 各位接点的通断可设定传感器的齿数，分 60、120、180 三档。该齿数设定值必须与传感器铭牌上标明的齿数值一致。组合表如表 4-5 所示（开关向下为通）。

表 4-5 信号齿数设置表

齿 数	1	2
60	断	通
120	通	断
180	通	通

④设定转速：通过改变"转速"双列直插微型开关上编号为 3～6 各位接点的通断可设定传感器的转速值。该转速值是根据测试系统的超速报警或输出转速模拟量满量程电压时的转速值要求而设定，它不等于传感器上标明的最高转速。3、4 位组合决定倍率，5、6 位组合决定量程。组合设置如表 4-6 所示（开关向下为通）。

表 4-6 量程与倍率设置表

倍 率	3	4	量 程	5	6
×100	断	断	×1	断	断
×1000	断	通	×2	断	通
×10000	通	断	×5	通	断

⑤设定传感器的标定温度：通过改变"温度"双列直插微型开关上编号为 1~4 各位接点的通断可设定传感器的标定温度值。从 0~45℃ 每 3℃ 为 1 档，共分 16 档。组合设置如表 4-7 所示（开关向下为通）。

表 4-7 测试环境温度设定表

	温度值/℃	0	3	6	9	12	15	18	21	24	27	30	33	36	39	42	45
开关	1	断	断	断	断	断	断	断	断	通	通	通	通	通	通	通	通
	2	断	断	断	断	通	通	通	通	断	断	断	断	通	通	通	通
	3	断	断	通	通	断	断	通	通	断	断	通	通	断	断	通	通
	4	断	通	断	通	断	通	断	通	断	通	断	通	断	通	断	通

⑥以上常数全部设置好后，按一下"启动"按钮，新的常数即送入仪器。将开关 S_3 拨到"常数"位置，此时两组 LED 数码管会交替显示常数设定开关组 M_0 上设定的常数。当指示灯 L_1、L_2 点亮时，显示所设定的转矩及转速值；当指示灯 L_1、L_2 不亮时，显示数分别为传感器的系数、齿数和标定温度，并仔细核对。

3）系统调零。先关闭磁粉制动器的加载电源，再开动原动机（大电机）和传感器上部的小电机，使小电机转向与实验时轴的转向相反。

①手动调零：自动调零与手动调零任选一种即可。

先将"调零"拨盘开关全置 0，S_3 拨到"测量"位置，S_4 拨到"单显"位置，S_5 拨到"调零"位置。此时转矩显示窗显示的是传感器在空载情况下出现的原始相位剩余值。通过改变"调零"拨盘开关的数值，将此剩余值调至 0。拨盘开关的数字增加 1，残余值的相应位数字就减 1。当残余值调至 0 后，将 S_5 拨到"测量"位置，即可开始测量。

②自动调零：将 S_3 开关拨在"测量"，S_4 开关拨在"单显"，S_5 开关拨在"自动"，当转矩显示窗显示全为零时，调零即告完成。调零值自动储存进仪器内的微处理机，但关机后就会丢失。注意：手动或自动调零结束后，切勿再将 S_5 开关拨向"调零"位置。

4）转矩、转速测量。

①闭合电机闸刀，启动原动机（电机）。

②接通磁粉制动器电源，调整 WLK-3 旋钮改变电流，从而改变负载。

③ZJYW1 型转矩转速仪调零后，将 S_5 开关拨回"测量"，便可进行正常测量。在测量时左边数码管 D_1 固定显示转矩，右边数码管 D_1 由 S_2 开关决定是选定显示转速或千瓦还是作交替分时显示，并有相应的发光指示灯指示显示的究竟是哪一个测量值。

④记录数据，计算并绘图。

（2）用 PI-100 型转矩转速仪测量。

1）复位：打开电源，仪器自动复位，"N"窗口显示"Boot"，随后各窗口将自动循环显示数字"0~9"。

2）设置常数：按下［C］键进入常数设置状态，每按动［C］键一次，仪器将在"M"窗口轮换显示 F（传感器系数）、R（传感器量程）、G（传感器齿数）。

更改数字：按→下键，可操作位向右移动一位，并闪动，表示可以更改该位数值。

更改小数点位置：按住［C］键 1s，小数点即移到闪动位。

3）清零：按住［0］键2s左右，"M"窗口将先显示"Good"再显示"ALLO"，清零完毕。仪器自动进入测量状态。

4）调零：仪器进入测量状态后，按住［0］键1s，在仪器"M"窗口显示"Good"后，立即松开。此时，"M"窗口显示出该转速下的扭矩零点，"N"窗口显示小电机转速，"P"窗口显示"01"，表示序号为01的调零点。稍后，仪器自动转入测量状态。

重复本操作，可得序号为02的调零点。依此作法，可得最多20个调零点。这些数据仪器会自动对这些数据进行二次拟合而进行调零。

5）按下［RUN］键，仪器进入循环测量显示。"M"窗口显示扭矩，"N"窗口显示转速，"P"窗口显示功率。

（3）用PI-911微机型测试系统测量。

1）启动PI-911，双击Windows桌面上的PI-911图标启动程序。

2）设置常数：单击［设置常数］按钮便进入设置常数窗口。

PI-911的常数有扭矩传感器系数、量程（额定转矩）、齿数，这三个常数可在扭矩传感器铭牌上找到，然后分别置入相应常数栏。当主轴转速小于100r/min，为了提高扭矩测量精度，需启动小电机，并要求小电机的转向与主轴的转向相反。若测量过程中不启动小电机，该常数项应置为零。当测量过程需要启动小电机时，用户需先启动小电机，单击［输入端小电机转速］按钮或［输出端小电机转速］按钮便能自动求取小电机转速。以后，系统会自动扣除小电机转速。

当参数都被置好之后，单击［√存盘］按钮便保存已设置的参数；单击［×放弃存盘］按钮便放弃已作的修改。

3）扭矩调零：单击［输入调零］或［输出调零］按钮便进入扭矩调零窗口。扭矩调零要满足两个条件：①空载；②主轴必须转动起来。当空载转动后，单击［自动调零］按钮系统便可自动测取扭矩零点。一般情况下，某一扭矩零点是在某一转速下测得的。当转速变化时，该转速状态下的零点也许会发生变化。为了保证在任意转速状态下扭矩的测量精度，PI-911能自动测取多个不同转速（如20种转速）状态下的零点，然后用拟合算法，自动算出在任意转速状态下的扭矩零点，从而完全克服由于转速变化而引起的转矩测量误差。单击［√OK］按钮将保存零点；单击［×Cancel］按钮，所测取的零点将不保存。

4）开始测试：单击［开始测试］按钮即开始测量，并在扭矩、转速、功率窗口显示测量值。

5）停止测试：单击［停止测试］按钮即停止测试。

6）手动认可数据：当认为当前测试的数据需要保存时，单击［记录］按钮，PI-911便会把该组数据送入数据表格。若数据表格中已有数据，PI-911将会自行添加在表格尾部。

7）绘制曲线：单击［绘制曲线］按钮，PI-911将会用数据表格中的数据绘制曲线。能用折线法、阿克玛法、最小二乘法同时绘制一条，也可以自由选择X轴上的数据；可将转速作为X轴，也可将扭矩作为X轴。要想按用户的要求绘制曲线，请单击主窗口中的［曲线选项］按钮。绘制曲线所需的数据通过"f. 手动认可数据"获得。

注意：只有X轴相异数据点数值大于3时，才开始绘制曲线。

8）数据编辑：删除一组数据：单击待删的一组数据，单击［—］按钮。

9）另存数据与历史数据回放：单击 ⊟ 按钮将把现行的试验数据另存至其他文件；

单击 ⊡ 按钮将调入历史数据以便分析之用。

（六）实验报告

（1）原始数据记录。

（2）实验数据记录及分析。

（3）绘制 M_0-iM_i 曲线和 M_0-η 曲线。

（4）完成思考题。

第五章　创新性、设计性实验

　　创新性实验是指学生在教师指导下，在自己的研究领域或教师选定的学科方向，针对某一或某些选定研究目标所进行的具有研究、探索性质的实验，是学生早期参加科学研究，教学与科研相结合的一种重要形式。创新性实验也属设计性实验的范畴，是具有科学研究和探索创新性质的设计性实验。

　　设计性实验是指给定实验目的要求和实验条件，由学生自行设计实验方案并加以实现的实验。它一般是在学生经过了常规的基本实验训练以后，开设的高层次实验。实验指导教师应根据教学的要求提出实验目的和实验要求，并给出实验室所能够提供的实验仪器设备、器件、工具等实验条件，由学生运用已掌握的基本知识、基本原理和实验技能，提出实验的具体方案、拟定实验步骤、选定仪器设备（或器件、工具等）、独立完成操作、记录实验数据、绘制图表、分析实验结果等。实验的过程应充分发挥学生的主观能动性，引导学生创新性思维，体现科学精神。

第一节　机构运动方案搭建及创新设计实验

　　（一）实验目的

　　（1）培养学生对机械系统运动方案的整体认识，加强学生的工程实践背景的训练，拓宽学生的知识面，培养学生的创新意识、综合设计及工程实践动手能力；

　　（2）通过机构的拼接，在培养工程实践动手能力的同时，可以发现一些基本机构及机械设计中的典型问题，通过解决问题，可以对运动方案设计中的一些基本知识点融会贯通，对机构系统的运动特性有一个更全面更深入的理解。

　　（3）加深学生对机构组成原理的认识，进一步掌握机构运动方案构型的各种创新设计方法。

　　（二）实验内容

　　（1）机构创新设计搭建实验。学生可按设计任务要求自行设计机构，或参考指导书所提供的运动方案（见附录一）和机构设计要求，初步确定机构的运动参数，并在试验机架上通过不同构件的组合进行拼接。通过拼接、调试来验证机构运动方案的可行性，并确定机构的运动参数，分析机构的运动特性。可以对运动方案设计中的一些基本知识点融会贯通，对基本机构的运动特性有一个更全面、更深入的理解和掌握，同时也培养了学生工程实践动手能力。

　　1）平面机构组合设计创新搭建实验；

　　2）空间机构组合创新搭建实验；

　　3）自行设计机构组成创新搭建实验。

　　（2）运动副组合创新设计实验。通过对构件运动副的型、数综合，可以实现构件和运动副的组合创新；通过基本机构的串、并、混联合，可以实现机构的组合创新（可参见一般教科书）。

（三）实验原理及方法

应用给定的创新组合模型，学会转动副、移动副、齿轮齿条等各种运动副的联接，了解模型零部件的基本拼接方法，最后按要求搭建平面机构、空间机构和自行设计机构。

（四）实验仪器设备和工具

创新组合模型一套，包括组成机构的各种运动副、构件、动力源及一套实验工具（扳手、起子）。构件包括机架、连杆、圆柱齿轮、齿条、圆锥齿轮、蜗轮蜗杆、凸轮及从动件、槽轮及拨盘和皮带轮等，运动副包括转动副、移动副、齿轮副、凸轮副、槽轮副等。

（1）机架：给构件和运动副提供了一个多层、多面和多维支撑的机架如图5-1所示。使用时，学生可以根据需要，任意变换各个型材的位置及机架滑块的安装方向（X、Y、Z任意安装方向）。

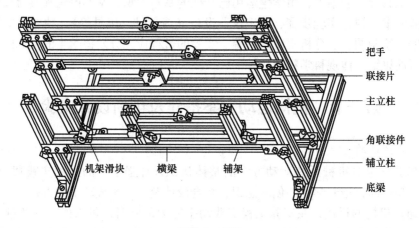

图5-1　机架

（2）连杆：提供6种长度的连杆，运动学尺寸在整个连杆长度（20~700mm）范围内无级调整。另外齿轮上有多个轴孔，因而均可用作连杆，当曲柄使用，其运动学尺寸为18mm、20mm、26mm，如图5-2（a）所示。

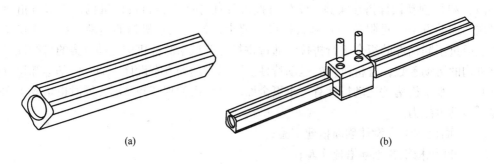

(a)　　　　(b)

图5-2　连杆
（a）连杆；（b）加长的连杆

每根连杆端部有 M8 的螺孔，分别与各运动副接头 M8 的螺杆相连，如图 5-7（a）所示。其中间的螺母起调整和锁紧作用。连杆表面有一浅槽，是紧定螺钉的接触表面（需要时用）。

另外，每台提供了 2 个连杆连接头，可以将现有的两个连杆连接起来，起到加长连杆的作用，因而可实现连杆的运动学尺寸在 20~700mm 内调整，如图 5-2（b）所示。

（3）齿轮：本实验提供了 3 种不同齿数的齿轮，齿数分别为 17、34、51，外观如图 5-3（a）左图所示。单级齿轮传动可实现 3 种基本传动比，分别为：1.5、2 和 3，每种齿轮 2 件，可以实现 3 种传动比的不同组合。

（4）齿条：本实验提供了长度相同的 2 个齿条，长度约 300mm（有的小组是 250mm），外观如图 5-3（b）所示。

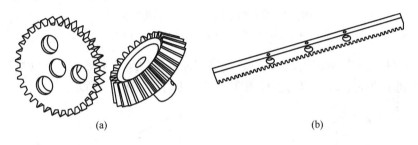

（a）　　　　　　　　　　　　　　　　　（b）

图 5-3　齿轮和齿条
（a）齿轮；（b）齿条

（5）圆锥齿轮：齿数 25 的圆锥齿轮 2 件，可实现垂直轴间的运动传递，如图 5-3（a）右图所示。

（6）蜗轮蜗杆：提供齿数 40 的蜗轮 1 件，头数为 1 的蜗杆 1 件。蜗轮蜗杆的组合构造可实现垂直交错轴间的运动传递及减速。

（7）凸轮与从动件：每组提供 1 个盘形凸轮，即可实现一种从动件运动规律。从动件有两种，一种是对心滚子从动件，一种是平底从动件。凸轮上打有钢号，每种钢号对应一种从动件运动规律，具体如表 5-1 所示。

表 5-1　实验凸轮参数表

钢号	凸轮名称	升程/mm	升程运动规律	回程运动规律	滚子半径/mm
1	双停凸轮	25	改进梯形规律（0°~120°）	改进正弦规律（180°~240°）	14
2	单停凸轮	25	谐波函数规律（0°~120°）	谐波函数规律（120°~240°）	14
3	无停凸轮	21	等速运动规律（0°~180°）	减速运动规律（0°~180°）	14

为了保证凸轮和从动件始终接触，本实验还提供了几种弹簧使其产生力锁合。

（8）皮带轮：每组提供直径为 40mm 的双层皮带轮 1 件和直径为 80mm 的单层皮带轮 2 件，可实现减速和多种形式的运动传递。每组提供 5 根长度不同的皮带供选择使用。

（9）槽轮和拨盘：每组仅提供 1 套槽轮机构，包括槽数为 4 的槽轮、1 个拨盘（单销或双销拨盘）、1 个槽轮机构固定块。槽轮机构固定块的作用是为保证运动过程中槽轮与拨盘的中心距始终不变，如图 5-4 所示。

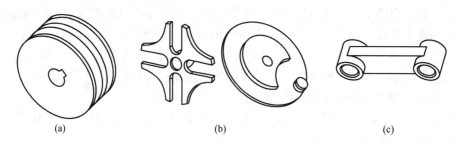

(a)　　　　　　　　(b)　　　　　　　　(c)

图 5-4　皮带轮、槽轮、拨叉以及固定块

（a）皮带轮；（b）槽轮、拨叉；（c）固定块

（10）各种规格的运动副接头：每组提供多种规格的运动副接头，可以与各种轴类零件组成各种的转动副，或可以与连杆表面组成移动副，如图 5-5 所示。

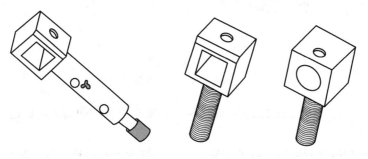

图 5-5　运动副接头 1、2、3（从左至右）

主要功能介绍：

1）圆轴：运动副接头 1 上的圆轴与运动副接头 3 的圆孔形成转动副，圆轴的不同长度，适用于将构件安装在不同的层内，避免构件间的运动干涉。可用若干垫柱进行轴向定位。

2）圆轴上的 M8 的螺纹：可与 M8 的螺母或端盖零件连接。

3）方孔：运动副接头的方孔与连杆表面联接可实现移动副。

4）M8 的螺杆：可与连杆上 M8 的螺纹孔连接。

5）M5 的螺纹孔：各接头上 M5 的螺孔，在需要时，可用于将相对运动的两构件固定。

（11）传动轴：提供了长度不同的多根传动轴，可与机架滑块、齿轮、蜗轮、凸轮、槽轮、拨盘、皮带轮或各种运动副接头组成转动副，或通过 M5 的紧定螺钉联接与上述构件一起运动。简图如图 5-6（a）所示。

（12）隔垫：提供了两种尺寸长度的隔垫，其作用是保证各构件在相互平行的平面内。简图如图 5-6（b）所示。

（13）动力源：旋转电机（转速为 1200r/min）加上一定轴齿轮减速器（减速比为

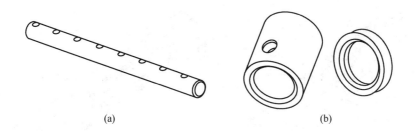

图 5-6　传动轴和隔垫
（a）传动轴；（b）隔垫

1∶150 和 1∶100），即提供 8r/min 或 12r/min 的转速，每组仅提供 1 套减速电机，学生可以通过齿轮传动、带轮传动及蜗轮蜗杆传动继续减速。另外提供一个可以实现正转、反转、停的电机控制系统。启动停止拨动开关必须置于启动状态，正、反转拨动开关才有效。

（14）工具及工具箱：内六角扳手 2 把，2 种型号的平口起子各 1 把，及 3 种型号的呆扳手共 5 把。所有工具及各种零部件均装入一个工具箱中。

（五）模型零部件的基本拼接方法

（1）转动副的联接。图 5-7（a）表示构件 1 与带有转动副的构件 2 的联接方法。

（2）移动副的联接。图 5-7（b）表示构件 1 与构件 2 用移动副相联的方法。

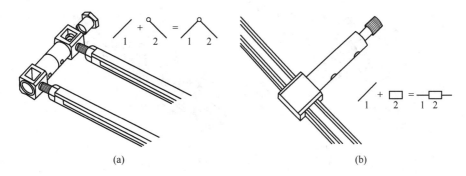

图 5-7　转动副和移动副的联接
（a）转动副的联接；（b）移动副的联接

（3）齿条与构件以转动副相连。图 5-8（a）表示齿条与构件以转动副的形式相联接的方法。

（4）齿条与机架相联。图 5-8（b）表示齿条与机架相联的方法。若将机架滑块与型材用螺母固定，则齿条亦与机架固定；若螺母适当调整，齿条与机架可以组成移动副。

（5）构件以转动副的形式与机架相连。图 5-9（a）表示连杆与机架以转动副形式相联的方法。用同样的方法可以将凸轮、齿轮、蜗轮或槽轮及拨盘与机架的传动轴相联。这种联接方式可以使构件带动传动轴运动，也可以使传动轴上的运动传给构件。注意为确保机构中各构件的运动都必须在相互平行的平面内进行，必须选择适当长度的传动轴及垫柱，否则构件间的运动就可能发生干涉，或机构的运动不顺畅。

当需要构件与传动轴一起运动时，可用 M5 的螺钉联接。

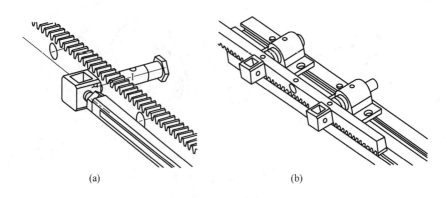

图 5-8　齿条的联接

（a）齿条与构件以转动副相联；（b）齿条与机架以移动副相联

（6）构件以移动副的形式与机架相联。将机架滑块与型材（横梁）的连接螺母（或螺栓）拧松，使机架滑块沿型材移动。如图 5-9（b）所示，使连杆沿着两个运动副联接头的方孔移动。该两连接头的方孔形成了支撑连杆的两个机架，如果这两个方孔不同轴，连杆的运动就可能不通畅。尽量使支架的悬臂不过长，或支架两侧的载荷尽量均匀，或将连杆在导路中移动自如后再稍稍固定（不需要固定得太紧），可改善连杆运动不通畅的问题。然后再将连杆固定在机架上，使连接头上的方孔在连杆上滑动而形成移动副。

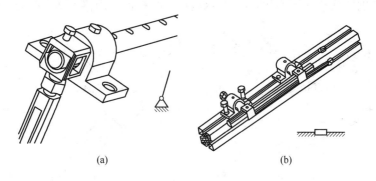

图 5-9　构件与机架相联

（a）构件与机架以转动副相联；（b）构件与机架以移动副相联

（7）减速电机的联接。通常电机直接与一小皮带轮以平键联接（如图 5-10 所示）。通过皮带传动，将运动输送给机构系统中的其他构件。但有时，也可以将电机运动直接输送给其他构件。此时需要增加一联轴器，联轴器的一端孔直径为 10mm，通过平键直接与电机相连，另一端为 ϕ12mm 的圆孔，通过紧定螺钉与传动轴相联，再通过紧定螺钉将传动轴与其他构件相联。

（8）三个转动副在一条直线上的构件拼接方法如图 5-11 所示。

（9）三个转动副不在一直线上的构件的拼接方法（略）。

（六）实验步骤

（1）按要求设计机构运动方案。

（2）初步确定机构的运动参数（结合可用于搭接的各零件和构件参数）。

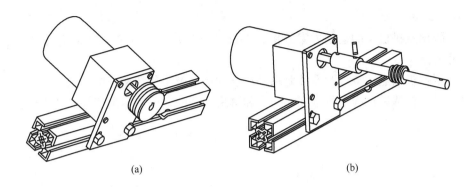

图 5-10　减速电机的联接
（a）旋转电机与槽轮的联接；（b）旋转电机与蜗轮蜗杆的联接

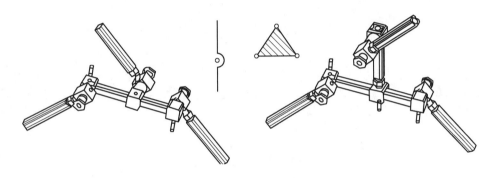

图 5-11　三个转动副的构件拼接

（3）确定机构搭接方案（各构件的类型，各构件搭接接头的形式）。

（4）在搭接机架上，从原动件起，按运动传递方向逐步搭接所设计机构，注意搭接每一步运动副的运动顺畅情况。

（5）试用手动方式驱动原动件，观察机构的运动，并通过构件尺寸的调整，实现设计所要求的机构运动特性。

（6）手动驱动原动件，机构各部分运动畅通无阻后，再与电机相联，检查无误后，接通电源，让机构运动。

（7）验证机构的设计要求并分析机构的运动特性。

（8）测绘机构结构参数，按比例绘制机构运动简图。

（9）绘制所搭接机构的结构装配图。

如发现所拼接的机构运动不动或不通畅，则可从以下几方面着手解决：

（1）计算所拼机构的自由度，确认是否符合确定运动的条件。

（2）从末端杆组开始拆卸，每拆一个杆组，看剩下的机构是否运动自如，由此找到问题之所在。

（3）将运动链切断，分析每一单个机构运动的可行性，从而找到问题的症结。

（4）在找症结的过程中，分析问题要从影响驱使机构运动的有效分力方面着手，因为驱使机构运动的有效分力少了，产生摩擦的正压力就会增大，因而阻力就会增加，导致机构运行不顺畅。

（七）实验报告

（1）画出所拼机构的运动方案简图，并标注合理尺寸，并说明其结构特点和工作原理及使用场合。

（2）根据机构运动特点和设计要求进行机构运动及工作特性分析。

（3）说明在调试过程中所遇到的问题和解决问题的办法和本次实验的心得体会。

第二节　机构的运动仿真及参数化设计

（一）实验目的

（1）培养学生的计算机辅助设计的能力。

（2）培养学生利用 ADAMS 软件对机构进行运动分析、动力分析的能力。

（3）培养学生对机构进行运动仿真及参数化设计的能力。

（二）实验内容

（1）建立机构模型。

（2）对机构的运动特性进行分析。

（3）对机构进行参数化设计。

（三）实验原理及方法

在对机构进行创新设计时，通过在 ADAMS 软件中对机构进行建模、仿真，可以从生成的图表中清楚的看到机构的运动特性，从而判断机构的合理性、适用性。而对机构进行参数化建立可以针对机构的某个或多个构件进行修改，最终选择最合理的方案来搭建机构。

（四）设备和工具

已安装 ADAMS 软件的计算机、打印机。

（五）实验步骤和要求

（1）搭建机构运动方案。

（2）熟悉 ADAMS 软件，学会建立机构模型，并对其施加约束和载荷。

（3）对机构的运动特性进行分析，即仿真，包括：

1）确定仿真分析要求获得的输出，ADAMS/VIEW 提供了一些常用的默认输出，这些输出在进行仿真分析后会自动产生。ADAMS/VIEW 同时允许用户采用测量和指定输出的方式，自定义一些特殊的仿真输出。

2）为了使仿真分析能够较顺利的进行，在进行仿真分析前，需要对样机模型进行一些最后的检查，排除隐含的错误，建立正确的初始条件。

3）拟定和设置仿真分析的有关控制参数，例如：分析类型、时间、分析步长、分析精度等。

4）对样机进行仿真分析和试验。

5）对分析结果进行一定的管理，以便以后对仿真结果进行进一步的后处理分析。

（4）对机构进行参数化设计，寻求符合设计要求的最佳机构尺寸。

（5）保存设计结果并输出。

（6）写出实验报告。

第三节　轴系组合结构的搭建及创新设计实验

（一）实验目的

（1）学会分析、测绘轴系部件结构的一般方法，了解在设计中应满足的各项要求。

（2）了解轴系零件的结构与用途，熟悉并掌握工艺要求，装配关系及轴上零件的定位和固定方式。

（3）为轴系部件结构设计的学习提供感性认识。

（4）熟悉并掌握轴系结构设计中有关轴的结构设计、滚动轴承组合设计的基本方法。

（二）实验内容

根据已定方案或者学生自行设计的达到要求的方案，进行轴结构设计与滚动轴承组合设计，解决轴上零件定位固定、轴承安装与调节、润滑及密封等问题，以合适的比例尺绘制出轴系结构装配图。

已定轴系结构方案如表 5-2 所示，学生自行选择设计一种轴系结构并进行搭建。

表 5-2　轴系结构方案表

实验题号	已 知 条 件				
	齿轮类型	载荷	转速	其他工作条件	示 意 图
1	小直齿轮	轻	低	齿轮油润滑，轴承脂润滑	
2		中	高	齿轮油润滑，轴承油润滑	
3	大直齿轮	中	低	齿轮油润滑，轴承脂润滑	
4		重	中	齿轮脂润滑，轴承脂润滑	
5	小斜齿轮	轻	中	齿轮油润滑，轴承脂润滑	
6		中	高	齿轮油润滑，轴承油润滑	
7	大斜齿轮	中	中	齿轮油润滑，轴承脂润滑	
8		重	低	齿轮脂润滑，轴承脂润滑	
9	小锥齿轮	轻	低	锥齿轮轴，轴承反装	
10		中	高	锥齿轮与轴分开，轴承正装	
11	蜗杆	轻	低	发热量小，轴承正装	
12		重	中	发热量大，轴承反装	

（三）实验原理

1. 轴系部件结构

轴系部件结构基本组成：轴、齿轮、键、轴承、轴承座。

2. 轴上零件的布置方式

轴上零件如何布置应根据工作需要来确定，轴上零件的布置对轴的疲劳强度有很大影响，合理的布置能提高轴的承载能力，减小轴的尺寸。

3. 轴上零件的装拆顺序分析

轴上零件的装拆方案不同，轴的结构形式也不一样，所以设计时应考虑轴上零件装拆方便。一般做成中间粗、两头细的阶梯轴，轴的各段直径安装顺序依次变化。

4. 轴上零件的定位和固定方式

轴上零件应定位准确，固定牢靠。轴上零件的定位和固定方式分为轴向和周向两种。

（1）轴向零件通常采用的定位方式有以下 5 种方式。

1）轴肩和轴环定位。轴肩和轴环是最简单可靠的定法方法，轴肩和轴环的高度由轴的设计要求而定。这种定位可承受较大的轴向载荷，结构示意图如图 5-12 所示。

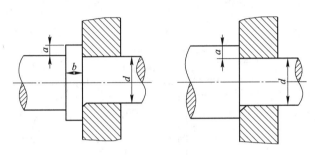

图 5-12 轴肩和轴环定位

2）套筒定位。用于轴上距离不大的两个零件之间，或受某些条件的限制，不便加工出轴肩的地方，结构示意图如图 5-13 所示。

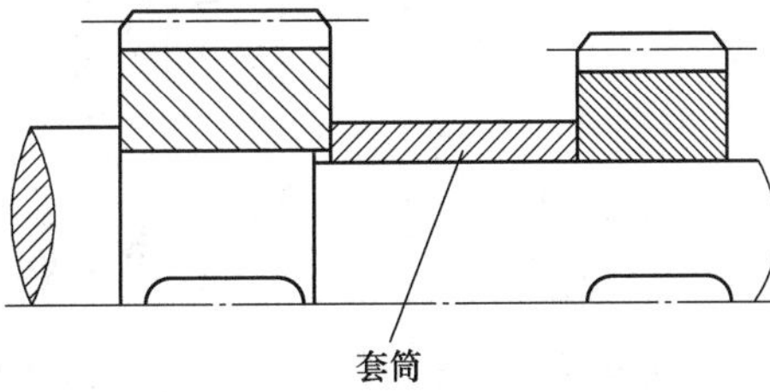

3）圆锥面定位。圆锥面有消除间隙的作用，能承受冲击及振动载荷，定心精度高，拆卸较容易，因此在有振动或冲击载荷的情况下使用，结构示意图如图 5-14 所示。

4）紧定螺钉定位。光轴上常采用紧定螺钉定位，这种结构只能承受较小的力，不适用于高速转动轴，常与零件的周向定位结合使用，结构示意图如图 5-15 所示。

图 5-13 套筒定位

5）弹性挡圈定位。结构紧凑简单，适用于轴向载荷不大的情况，弹性挡圈的沟槽引起应力集中削弱了轴的强度，结构示意图如图 5-16 所示。

轴向零件通常采用的固定方式有：双圆螺母或圆螺母与止退垫片固定、弹性挡圈固定、轴端压板固定等，如图 5-17 所示。

（2）周向定位和固定方式。为使轴上零件能与轴一起转动，并满足传递运动和扭矩的要求，应对轴上零件加以周向定位和固定。常用平键、花键、销、紧定螺钉、楔形键、滑键和过盈配合等，如图 5-18 所示。

（3）轴承的组合结构形式。为了保证轴承正常工作，除正确选择轴承的类型和尺寸外，还应正确设计轴承组合。常见的轴系部件结构中轴承组合形式有 3 种。

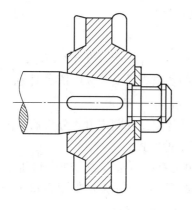

图 5-14　圆锥面定位

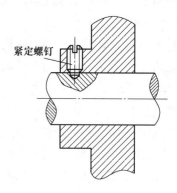

图 5-15　紧定螺钉定位

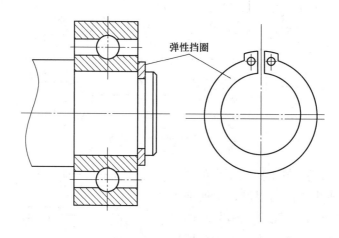

图 5-16　弹性挡圈定位

1）两端单向固定支承。在这种形式中，每一个支承只能限制轴的单向移动，两个支承组合即可限制轴的双向移动。这种形式结构简单，安装调整方便，适用于跨距不大及温差小的场合。

图 5-19（a）所示的支承采用一对单列向心球轴承，为了补偿轴的受热伸长，在轴承外圈与端盖间应留出间隙（0.25～0.5mm）；图 5-19（b）所示的支承采用一对圆锥滚子轴承（或向心推力球轴承），两轴承外圈窄端面相对安装，可利用两端盖和机体之间的调整垫片组，控制轴向游隙以补偿轴的热伸长。

2）一端双向固定，另一端游动支承。此种形式是使一端的轴承双向固定，另一端为游动支承。适用于跨距较大或热伸长较大的场合。

图 5-20（a）所示为最简单的结构形式，固定端的内、外圈均进行双向轴向固定，游动端和机体孔为间隙配合，以保证轴受热伸长时能连同轴承一起在孔内游动；图 5-20（b）所示的固定端为一对角接触向心推力球轴承，能承受双向的轴向力，通过调整端盖和套杯之间的调整垫片组，可进行预紧以提高支承刚性。

3）两端游动支承。此种形式适用于人字齿轮传动。如图 5-21 所示，为了补偿轮齿左右两侧螺旋角的制造误差，使偿轮受力均匀，允许轴左右两个方向均可以有少量游动，但

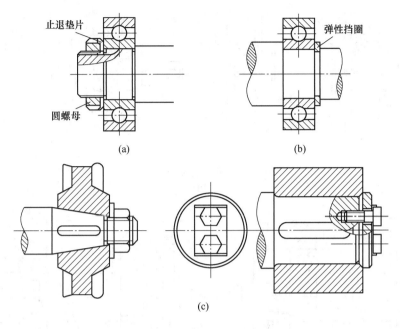

图 5-17　轴向固定方式

（a）圆螺母与止退垫片固定；（b）弹性挡圈固定；（c）轴端压板固定

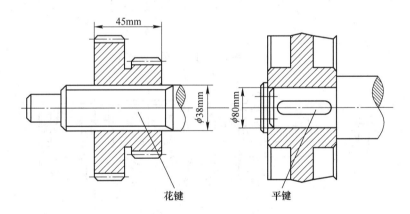

图 5-18　周向定位和固定

与其啮合的齿轮轴两端必须固定，以保证两轴均能轴向定位。

（4）配合与精度的选择。轴系部件结构设计中，零件的配合主要指轴与传动件、轴承的配合，轴承孔与轴承、轴承盖的配合。配合与精度的选择，不仅直接影响轴上零件的工作性能、零件的加工与装配工艺性，同时也影响轴的结构形式。有关配合与精度的选择可通过查阅《机械设计手册》获得。

（5）轴系部件结构中密封装置。密封装置的种类很多，按照密封的原理可分为两大类，接触式密封和非接触式密封。选择密封装置时，应考虑密封表面的圆周速度、润滑剂的种类、温度和工作环境等。既要密封性能可靠，又要结构简单。常用的几种密封装置如下：

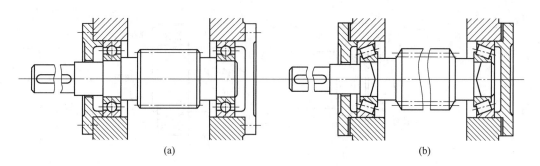

图 5-19　两端单向固定支承

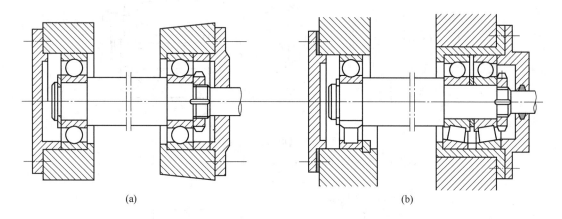

图 5-20　一端双向固定一端游动支承

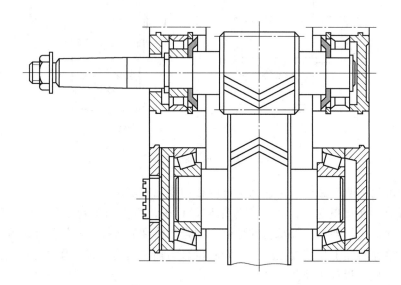

图 5-21　两端游动支承

1）毡圈式密封装置。它利用矩形截面的毡圈嵌入梯形槽中所产生的对轴压紧作用获得密封效果，如图 5-22 所示。

2）皮碗式密封装置。该装置利用密封圈唇形结构部分的弹性和弹簧圈的扣紧力而起

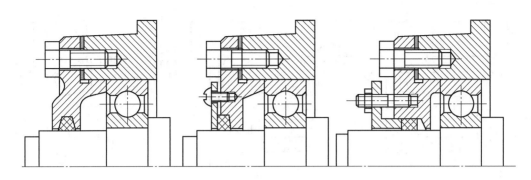

图 5-22　毡圈式密封装置

密封作用。如图 5-23（a）所示，密封唇的力向要朝向密封部位，唇朝里主要是为了防漏油；唇朝外主要是为了防灰尘；如采用两个油封相背放置时，则两个目的均可达到，如图 5-23（b）所示。

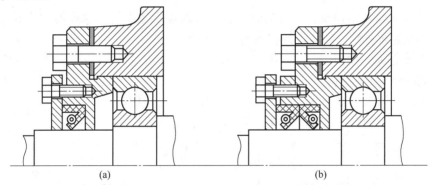

（a）　　　　　　　　　　　　　（b）

图 5-23　皮碗式密封装置

3）离心式密封装置。这种装置利用旋转零件的离心力防止油液泄出，如图 5-24 所示。

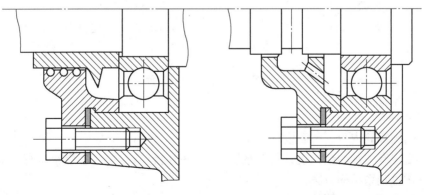

图 5-24　离心式密封装置

4）迷宫式密封装置。这种装置利用转动元件与固定元件间所构成的曲折、狭小的缝隙及缝隙内充满油脂达到密封目的，如图 5-25 所示。

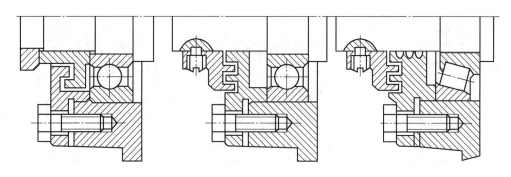

图 5-25 迷宫式密封装置

5) 封油环密封装置。这种装置利用离心力作用甩掉油及杂质,轴承为脂润滑,内部为油润滑。其结构如图 5-26 所示。

（四）实验设备

（1）组合式轴系结构设计分析实验箱。实验箱提供能进行减速器圆柱齿轮轴系,小圆锥齿轮轴系及蜗杆轴系结构设计实验的全套零件。

（2）典型轴系结构模型。

（3）测量及绘图工具。

（4）钢尺、卷尺、游标卡尺、内外卡钳、铅笔、三角板等。

学生自带：三角尺或直尺、圆规、铅笔、手册、图纸或方格纸一张。

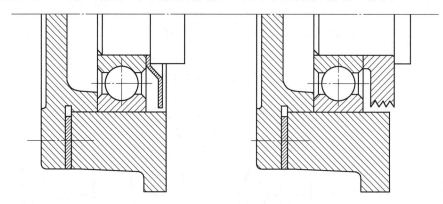

图 5-26 封油环密封装置

（五）实验步骤

（1）明确实验内容,理解设计要求。

（2）复习有关轴的结构设计与轴承组合设计的内容与方法（参看教材有关章节）。

（3）构思轴系结构方案。

（4）轴系部件结构测绘。

1）测量主要零件的尺寸（如齿轮直径、宽度等）。

2）分析轴上零件相互之间的关系,测量部件的关系尺寸。

3）绘制轴系模型部件装配图。

将测量所得各零件尺寸，对照轴系部件模型，画出轴系部件装配图一张。图幅为三号图纸或方格纸，比例为1∶1。要求结构合理，装配关系清楚，绘图正确，写明标题栏和明细表，注明各零件所选的材料。

（5）进行轴的结构设计搭建与轴承组合设计。

1）每组学生自行选择设计一种轴系结构并进行轴系结构的设计搭建，解决轴承类型选择，轴上零件定位固定，轴承安装与调节、润滑及密封等问题。

2）根据齿轮类型选择滚动轴承型号。

3）确定支承轴向固定方式（两端固定，一端固定、一端游动）。

4）根据齿轮圆周速度（高、中、低）确定轴承润滑方式（脂润滑、油润滑）。

5）选择端盖形式（凸缘式、嵌入式）并根据轴的转速高低考虑透盖处密封方式（毡圈、皮碗、油沟）。

6）考虑轴上零件的定位与固定，轴承间隙调整等问题。

7）绘制轴系结构方案示意图。

8）组装轴系部件。根据轴系结构方案，从实验箱中选取合适零件并组装成轴系部件，检查所设计组装的轴系结构是否正确。

9）绘制轴系结构草图。

10）注明必要尺寸（如交承跨距、齿轮直径与宽度、主要配合尺寸），填写标题栏和明细表。

（六）实验报告

（1）绘制所测绘的轴系模型的装配图。将测量所得各零件尺寸，对照轴系部件模型，画出轴系部件装配图一张。图幅为三号图纸或方格纸，比例为1∶1。要求结构合理，装配关系清楚，绘图正确，写明标题栏和明细表，注明各零件所选的材料。

（2）绘制出自己所设计搭建的轴系结构装配图。每组学生自行选择设计一种轴系结构并进行轴系结构的设计搭建，解决轴承类型选择，轴上零件定位固定，轴承安装与调节、润滑及密封等问题，绘制出所设计搭建的轴系结构装配示意草图。

（3）完成思考题。

例：根据小圆柱齿轮轴结构装配示意图（如图5-27所示，齿轮、轴承均为油润滑，轴转速较高），思考并找出图中错误，然后在工具箱中找出相应零件进行搭建。

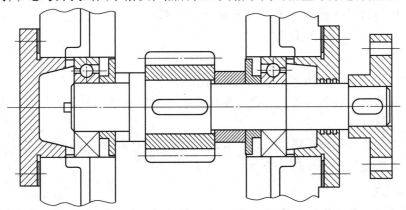

图5-27 小圆柱齿轮轴结构装配示意图

第四节　机器人和机电系统创新搭建实验

（一）实验目的

根据搭建任务的要求或自行设计机器人和机电系统创新搭建方案，完成机械手和其他机电系统从动力系统到传动机构、执行机构等机械结构部分搭建，并利用 AS-UII 机器人控制板和编程语言完成机械手和机电系统控制方案的设计、硬件搭建和控制程序编制，通过系统调试使其实现所要求的运动和功能。通过实验掌握工业机械手、机电系统和机器人系统的设计、搭建和控制调试方法，从而提高对机电系统的实际设计和制作实践能力。根据要求提交搭建作品及系统设计方案图，完成实验报告。

（二）实验原理

在进行机构或产品的创新设计时，往往很难判断方案的可行性，如果把全部方案的实物都直接加工出来，不仅费时费力，而且很多情况下设计的方案还需借助模型来进行实践检验，所以不能直接加工生产出实物。现代的机械设计多数是机电系统的设计，设计系统不仅包含了机械结构，还有动力、传动和控制部分，每个工作部分的设计都会影响整个系统的正常工作。全面考虑这些问题来为每个设计方案制作相应的模型，无疑成本是高昂的。

机器人和机电系统创新搭建利用 AS-EI 工程创新搭建模块或慧鱼创意组合模型，由各种可相互拼接的结构部件、连接部件、传动部件、传感器执行器电子类部件以及特殊结构部件等，按机电系统设计方案的要求进行组合形成创新套件，并利用与能力风暴机器人 AS-UII 主板配合的多功能扩展卡对 AS-EI 系列工程创新套件构成控制系统，采用 VJC1.6 开发版编写控制程序，通过多功能扩展卡实现对创新模型的控制，以检验所设计机电系统方案的合理性与可行性。

由于创新搭建模型充分考虑了各种结构、动力、控制的组成因素，并设计了相应的模块，因此可以拼装成各种各样的模型，并按实际工作要求通过控制进行动作，可以用于检验学生的机械结构设计和搭建及机电系统创新设计方案是否合理可行，并可锻炼学生机电系统控制方案设计及编程的实际能力。

（三）实验设备和工具

AS-UII 能力风暴机器人、AS-EI 工程创新搭建模块、慧鱼创意组合模型、电源、计算机、VJC1.6 开发版、控制软件等。

（四）实验要求

（1）按要求完成 AS-UII 移动机器人的运动控制。

（2）根据按搭建任务的要求或自行设计机电系统创新搭建方案，并编程实现创新搭建模型的运动控制。

（3）对机器人及创新搭建作品的运动进行演示，并按要求提交实验报告。

（五）实验准备工作和参考资料

1. 实验准备

（1）熟悉 AS-EI 工程创新搭建模块或慧鱼创意组合模型零件、部件的拼装方法和注意事项。

（2）熟悉 AS-UII 能力风暴机器人的原理、结构和操控方法。

（3）了解 VJC1.6 的编程方法。

（4）了解多功能扩展卡的接口和使用要求。

2. 参考资料

（1）《VJC1.6 使用开发手册》。

（2）《AS-UII 使用手册》。

（3）《能力风暴机器人扩展卡使用手册》。

（4）《VJC1.6 仿真版使用教程》。

（5）《AS-EIM-HEU 装配图册》。

（六）实验方法与步骤

（1）根据给定或自行设计的创新设计题目或范围，经过小组讨论后，拟定初步设计方案。

（2）将初步设计方案交给指导教师审核。

（3）经审核通过后，所设计方案可由 AS-EI 工程创新模块或慧鱼创意组合模型进行部件结构组合。

（4）根据设计方案进行总体结构拼装。

（5）对结构运动部分进行调试。

（6）安装驱动部分和连接驱动、控制线路。

（7）采用 VJC1.6 开发版按控制方案编写控制程序，并进行调试。

编制、调试程序的步骤为：先断开接口板、电脑的电源，连接电脑及接口板，接口板通电，电脑通电运行。根据运行结果修改程序，直至模型运行达到设计要求。

（8）确认连接、调试无误后，通电运行，检验方案的可行性。

（9）运行正常后，先关电脑，再关接口板电源。然后拆除模型，将模型各部件放回原存放位置。

（七）实验注意事项

1. AS-UII 使用注意事项

（1）运行前充满电，能使机器人运行效果更好。

（2）在 VJC1.5 开发版中，将机器人型号设置为 AS-UII。

（3）轻拿轻放机器人，防止摔落。

（4）碰撞环是机器人最易损坏的部件，请注意保护。使用机器人时，尽量莫提持、拉扯、捧托碰撞环。

（5）没有特殊情况，不要拆卸电池。如果确实要拆卸，应按住电池上的小塑料片，使之贴住池身，以脱离卡槽，然后轻轻拔下来。

（6）串口通信线连接在机器人上时，最好不要按复位键，否则容易死机。

（7）机器人运动时，勿顶住障碍物，否则易造成电机堵转，烧毁芯片。

（8）常见问题的处理，参考《第一次亲密接触》附录 A、B。

2. AS-EI 使用注意事项

（1）结构件一般可以六面搭接。

（2）传动件搭接时，轴与轴套须对准。

（3）1∶5 减速器只能用于减速传动，不能用于增速，否则易损坏内部的微型齿轮。

（4）丝杠不能过载，否则容易损坏。丝杠运动一旦受阻，请立即停机检查。

（5）力度适合，请勿强用力。

（6）桌面清洁，双手清洁。

（7）轻拿轻放，防止摔落。

（八）AS-UII 能力风暴机器人和 AS-EI 工程创新搭建模块的说明

1. AS-UII 能力风暴机器人

AS-UII 能力风暴机器人为智能化小型移动机器人，分轮式和越野式两种类型。它采用直流电机驱动，配置有 4 个碰撞开关（常开）、2 个红外发射管、2 个光电编码器、1 个红外接收模块、2 个光敏传感器、1 个声音传感器（麦克风），采用微控制器 68HC11E1 控制。并配置有 1 张多功能扩展卡，扩展卡有 8 路数字输入通道、4 路数字输出通道、3 路模拟输入通道、4 路电机控制信号输出、2 路输入捕捉口，可实现对外部直流电机和传感器的控制。用以对创新搭建的机械臂和机电系统实现控制。

AS-UII 能力风暴机器人的使用详见《AS-UII 使用手册》。

2. AS-EI 工程创新搭建模块

AS-EI 工程创新模块套件设计上拥有非常清晰的体系，所有套件可分为 5 类，即结构部件、连接部件、传动部件、传感器执行器电子类部件以及特殊结构部件类。

（1）创新模块部件命名规则如下：

＊ ＊ ＊ ＊ ＊ ＊ ＊

左起第一位为部件组号，用英文表示，C 为结构部件，L 为连接部件，T 为传动部件，E 为传感器、执行器、电气类部件，S 为特殊结构件等。

左起第二位为部件颜色，用英文表示，G 为灰，R 为红，G 为绿，B 为蓝，Y 为黄。

左起第三、四位为部件类别，用数字表示。

左起第五、六位为部件子类。

左起第七位为同组同类同形状，但不同尺度体系，缺省为中尺度，L 为大尺度，S 为小尺度，T 为微小尺度。

（2）结构部件。结构部件中有点、线、面三种，简单明了。原理上由点可构成线、面，但点构长线、大面时会繁琐，结构强度也不够，故可直接采用线、面。小的或复杂形状的线、面可由点来构成，这样达到了在机械创意与建构空间方面的最大弹性。

结构部件代号首字母为 C，分为三类，即：1）点 CG01＊＊；2）线 CG02＊＊；3）面 CG03＊＊。

（3）连接部件。连接部件主要起连接模型中不同部件的作用，有的连接部件有双重用途。连接部件代号首字母为 L。

（4）传动部件。传动部件在设计时同时考虑了灵活性与易用性，组合效率高。

传动部件代号首字母为 T，大致可分为以下几类：

1）模块化减速或运动传递模块（TG01＊＊）；

2）传统齿轮（TG02＊＊）；

3) 带轴的蜗杆及齿轮（TG03＊＊）；

4) 齿条（TG04＊＊）；

5) 轴承（TG05＊＊）；

6) 轴（TG06＊＊、TG09＊＊）；

7) 轮（TG07＊＊）；

8) 皮带，轮胎，绳（TG08＊＊）。

通过连接器（LG0100）、ICube 立方体、半高 ICube 立方体、减速齿轮箱以及转向齿轮箱等部件能方便自由拼接成各种模型。连接器进行部件连接的几种方法详见《AS-MII 使用手册》。

（5）传感器、执行器、电子类部件。AS-EI 实现了传感器和执行器的模块化，能方便用于建构自动化装置。

传动部件代号首字母为 E，大致可分为以下几类：

1) 模块化的传感器（EG01＊＊）；

2) 磁敏开关与磁铁（EG02＊＊）；

3) 指示灯（EG03＊＊）；

4) 电磁铁（EG04＊＊）；

5) 电机（EG05＊＊）；

6) 连接电线（EG06＊＊）。

传感器、执行器、电子类部件技术参数详见《AS-MII 使用手册》。

（6）特殊结构部件。特殊结构部件用于搭建某些特别的模型结构，特殊结构部件代号首字母为 S。

3. 多功能扩展卡使用说明

多功能扩展卡如图 5-28 所示，专门为控制 AS-EI 创新套件而开发，与能力风暴机器人主板配合可以对 AS-EIM 系列工程套件进行控制。多功能卡充分利用了能力风暴主板上 ASBUS 总线强大的功能，提供了 8 路数字输入信号、4 路数字输出信号、3 路模拟输入信号以及 4 路电机驱动信号和 2 路输入捕捉口。

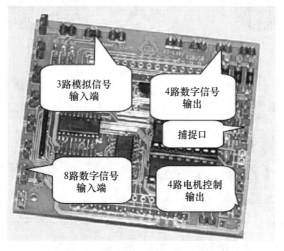

图 5-28 多功能扩展卡

（1）多功能扩展卡的安装。多功能扩展卡背面有两排插针，在电路板正面分别标有 ASBUSA 和 ASBUSB，靠近品牌标志一边的排针为 ASBUSB，另一侧的排针则为 ASBUSA。

将 ASBUSA、ASBUSB 排针对准能力风暴机器人主板上的 ASBUS，将总线排针 ASBUSA 和 ASBUSB 插好。注意排针与主板上的排针不要错位，方向不能插反，否则会损坏扩展卡。详细安装步骤如图 5-29 所示。

（2）多功能扩展卡硬件说明。

1）多功能扩展卡端口指示如图 5-30 所示。

2）端口主要参数。

输出端口：电机输出口 4 个，输出电压取决于电池电压，最大可达 12V，最大输出电流可达±1A，可以通过编程控制电流的方向。

数字量输出口 4 个，输出电压取决于电池电压，最大可为 12V，最大输出电流为 1A，电流只能朝一个方向流动。

输入端口：数字量输入端口 8 个；模拟量输入端口 3 个；输入捕捉口 2 个。

端口使用方法详见使用手册。

（九）AS-EI 工程创新搭建实例

如图 5-31 所示，工业抓放机器人工作原理是将所抓物体经过平移、举升和旋转等动作放到指定的位置。因此工业抓放机器人的基本机构组成应有 3~4 个自由度，须有 3~4 个电机和传动装置驱动。工业抓放机器人套件的组合步骤如图 5-31 所示。

图 5-29 多功能扩展卡安装图示

IN8	A1 A2 A3		OUT1 OUT2 OUT3 OUT4	
IN7	3路模拟输入		4路数字输出	
IN6				PA2
IN5			2路输入捕捉	PA1
IN4	8路数字输入			DC1
IN3				DC2
IN2			4路电机控制	DC3
IN1				DC4

图 5-30 多功能扩展卡端口示意图

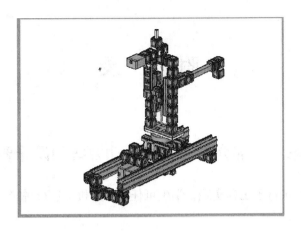

图 5-31　工业抓放机器人套件的组合步骤

附　　录

附录一　部分参考机构运动方案和设计要求

下列各种机构均选自于工程实践，学生可任选一个机构进行拼接，并设法使它自如地运动起来。

（一）铸锭送料机构

结构说明：如附图1-1所示，液压缸1为主动件，通过连杆2驱动双摇杆 AB、CD，将从加热炉出料的铸锭4送到升降台。

工作原理和特点：图中实线中位置为出炉铸锭进入盛料器3内，盛料器3即为双摇杆 $ABCD$ 中的连杆 BC，当机构运动到虚线位置时，盛料器3翻转180°，把铸锭卸放到升降台5上。

应用举例：加热炉出料设备、加工机械的上料设备。

设计要求：铸锭送料距离大于液压缸工作行程的3倍。

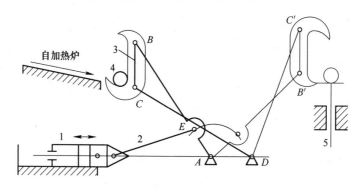

附图1-1　铸锭送料机构

（二）四杆机构

机构说明：如附图1-2所示，双摇杆机构 $ABCD$ 的各杆长度满足条件：机架 $\overline{AE}=0.64$ $\overline{AC}$，摇杆 $\overline{BE}=1.18\overline{AC}$，连杆 $\overline{BC}=0.27\overline{AC}$，$D$ 点为连杆 BC 延长线上一点，且 AC 为主动摇杆。

工作原理和特点：当主动件 AC 绕机架铰链点 A 摆动时，D 点轨迹为 β-β，其中 α-α 段为近似直线。

应用举例：可用作固定式港口用起重机，D 点处安装吊钩。利用 D 点轨迹的近似直线段吊装货物，能符合吊装设备的工艺要求。

设计要求：确定 D 点的实际运动轨迹及与理论直线轨迹的误差。

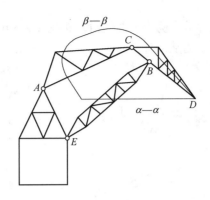

附图 1-2　四杆机构

（三）铰链平行四边形放大行程机构

结构说明：如附图 1-3 所示，构件 1 上端铰接于固定铰链 A，杆 2 下端与滚子 B 铰接组成剪式伸缩架。该机构的右上端 C 与托叉 3 铰接，而右下端铰接滚子 D 且仅贴托叉 3 的铅垂面，并可沿该面上下滑动。

工作原理：当主动件 1 摆动时，通过多个平行四边形伸缩架可获得较大的伸缩行程。

应用举例：用于伸缩式叉车、铅直长降机。

设计要求：行程放大倍数不小于 3，并确定实际行程放大倍数。

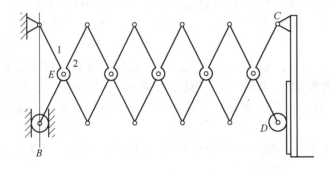

附图 1-3　铰链平行四边形放大行程机构

（四）多杆放大行程机构

结构说明：如附图 1-4 所示，多杆放大行程机构由曲柄摇杆机构 1-2-3-7 与导杆滑块机构 4-5-6-7 组成。导杆 4 与摇杆 3 固接，曲柄 1 为主动件，从动件 6 往复移动。

工作原理和特点：主动件 1 的回转运动转换为从动件 6 的往复移动。如果采用曲柄滑块机构来实现，则滑块的行程受到曲柄长度的限制，而该机构在同样曲柄长度条件下能实现滑块的大行程。

应用举例：用于梳毛机堆毛板传动机构。

设计要求：（1）滑块行程不少于曲柄长度的 3 倍；（2）确定该机构是否具有急回特性。

（五）六杆机构

结构说明：如附图 1-5 所示，机构由曲柄滑块机构 1-2-3-6 与摆动导杆机构 3-4-5-6 组成。曲柄 1 为主动件，摆杆 5 为从动件。

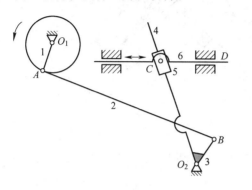

附图 1-4　多杆放大行程机构　　　　　　　附图 1-5　六杆机构

工作原理和特点：当曲柄 1 连续转动时，通过连杆 2 使摆杆 3 作一定角度的摆动，再通过导杆机构使从动摆杆 5 的摆角增大。该机构摆杆 5 的摆角可增大到 200°左右。

设计要求：（1）摆杆 5 的摆角大于 150°；（2）确定该机构是否具有急回特性。

（六）两侧停歇的移动机构

结构说明：如附图 1-6 所示，机构由六杆机构 ABCDEFG 和曲柄滑块机构 GHI 串联组合而成。连杆上 E 点的轨迹在 mn 和 qp 段近似为圆弧，半径 EF = E′F′，圆弧中心为 F、F′，取 FF′ 的中垂线上的 G 点为机架，六杆机构的从动件 FG 与杆 GH 固接成为 GHI 机构的主动件。

工作原理和特点：主动曲柄 4 作匀速转动，连杆上的 E 点作平面复杂运动，当运动到 mn 和 qp 近似圆弧段时，铰链 F 或 F′ 处于曲率中心，保持静止状态，摆杆 2 近似停歇，从而实现滑块 1 在往复上下位置的近似停歇，这是利用连杆曲线上的近似圆弧段实现双侧停歇的往复移动。

应用举例：可用于纺织机械的喷气织机开口机构中，滑块 1 作为棕框，它在上下极限位置停歇一段时间，以便引入纬纱。

设计要求：（1）尽量延长滑块在极限位置的停歇时间；（2）画出 E 点的实际轨迹曲线，并分析其特点。

（七）凸轮连杆机构

结构说明：由凸轮机构和连杆机构组合而成。

工作原理和特点：以凸轮为主动件，能够实现复杂的运动规律。

应用举例：自动车床送料及进刀机械（如附图 1-7 所示）。由平底从动件盘状凸轮机构与连杆机构组成。当凸轮转动时，推动杆 5 往复移动，通过连杆 4 与摆杆 3 及滑块 2 带动从动件 1（推料杆）作周期性往复直线运动。

设计要求：（1）推杆运动距离不小于凸轮升程的 3 倍；（2）分析推杆位移、速度随凸轮转角的变化情况。

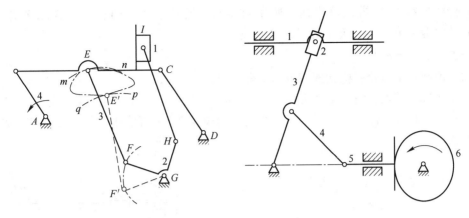

附图 1-6　两侧停歇的移动机构　　　　　附图 1-7　凸轮连杆机构

（八）连杆凸轮机构

结构说明：如附图 1-8 所示，机构以五杆差动机构 1-2-3-4，双联凸轮 5-5′，摆杆 4、3 组成的凸轮机构组成。

工作原理和特点说明：主动凸轮 5-5′ 分别推动从动件 4、5 给五杆机构两个输入，使连杆 2 上获得一个确定的输出。凸轮机构起封闭机构的作用，使整个机构变成单自由度机构，在从动件 2 的 K 点实现预定轨迹，两个弹簧起力封闭作用。

应用举例：可用于需复杂轨迹的自动化机械和轻工、印刷机械中。如用于平板印刷机中作为递纸吸嘴运动机构。凸轮 5′ 控制前后送纸运动，凸轮 5 控制上下接纸和放纸运动。K 点的合成运动轨迹见附图 1-8（b）。

设计要求：（1）按轨迹的要求设计该机构；（2）分析 K 点的实际运动轨迹。

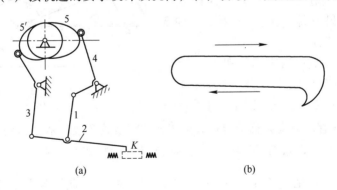

（a）　　　　　　　　　　　　　　　（b）

附图 1-8　连杆凸轮机构

（九）转动导杆与凸轮放大升程机构

结构说明：如附图 1-9 所示，曲柄为主动件，凸轮 3 和导杆 2 固联。

工作原理和特点：当曲柄 1 从图示位置顺时针转过 90°，从动件 4 移动距离 S，在压力角许用值相同的情况下，后者凸轮的尺寸要增大一倍左右。这种机构常用于凸轮升程较大，而升程角受到某些因素的限制不能太大的情况下，该机构制造安装简单，工作性能可靠。

设计要求：（1）搭建该机构，使在同样曲柄转角 φ 下，凸轮升程为原来的 2 倍。（2）画出曲柄转角 φ 与凸轮升程 S 的关系曲线。

（十）齿轮连杆机构

结构说明：由齿轮机构和连杆机构组合而成。

工作原理和特点：附图 1-10 所示为双向加压机构。摆杆 4 为主动件，通过滑块 5 带动齿条 6 往复移动，使齿轮 1 回转，与之啮合的齿条 2、3 的移动方向相反，以完成紧包的动作。

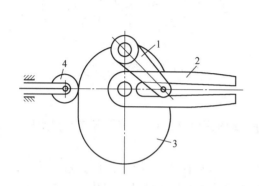

附图 1-9　转动导杆和凸轮放大升程机构

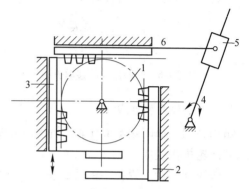

附图 1-10　齿轮连杆机构

应用举例：打包机。

设计要求：（1）要求行程速比系数 $K \geqslant 1.5$；（2）紧包的行程要求可调节。

（十一）曲柄齿轮齿条机构

结构说明：如附图 1-11 所示，连杆 2 一端与曲柄铰接，另一端与齿轮 3 铰接，齿轮 3 则与上下齿条相啮合。

工作原理和特点：当主动件曲柄 1 转动时，通过连杆 2 推动齿轮 3 与上、下齿条啮合传动。上齿条 4（或下齿条）固定，下齿条 5

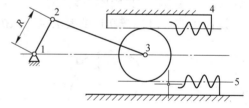

附图 1-11　曲柄齿轮齿条机构

（或上齿条）往复移动，齿条移动行程 $H = 4R$。若将齿轮 3 改用双联齿轮 3 和 3′，半径分别为 r_3、r_3'。齿轮 3 固定齿条啮合，齿条 3′ 与移动齿条啮合，其行程为：$H = 2\left(1 + \dfrac{r_3'}{r_3}\right)R$，由此可见，当 $r_3' > \Delta r_3$ 时，$H > 4R$，故采用此种机构可实现行程放大。

设计要求：（1）要求齿条移动行程大于等于 $6R$；（2）分析该机构的动动特性（$s - \varphi$，$v - \varphi$）。

（十二）插床的插削机构

工作原理和特点：如附图 1-12 所示，在 ABC 摆动导杆机构的摆杆 BC 反向延长线的 D 点上加二级杆组连杆 4 和滑块 5，成为六杆机构。主动曲柄 AB 匀速转动，滑块 5 在垂直 AC 的导路上往复移动，具有较大的急回特性。改变连杆 ED 的长度，滑块 5 可获得不同规律，在滑块 5 上安装插刀，机构可作为插床的插削机构。

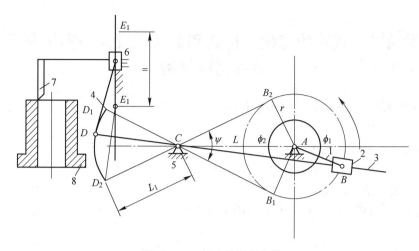

附图 1-12 插床的插削机构

设计要求：（1）插刀行程 $H \geq 200$mm；（2）行程速比系数 $K \geq 1.5$；（3）分析机构的运动特性。

（十三）槽轮机构与导杆机构

机构说明：附图 1-13 所示为槽轮机构与转动导杆机构串联而成的机构系统。

工作原理和特点：当杆 2 作匀速回转时，导杆 4 作非匀速回转运动，两机构的相位关系用 $\delta \approx 180°$ 时，导杆的最低速度位于槽轮（$\mathrm{d}\beta/\mathrm{d}\alpha$）为最大值处（$\beta$ 为槽轮的角位移），此时槽轮的绝对角速度为 $\dfrac{\mathrm{d}\beta}{\mathrm{d}t} = \dfrac{\mathrm{d}\beta/\mathrm{d}\alpha}{\mathrm{d}a/\mathrm{d}t}$，其中 $\mathrm{d}\alpha/\mathrm{d}t$ 较低（式中，α 为压力角，t 为时间），故槽轮在此位置的角速度也较低，既降低了槽轮机构的最大角速度，从而也降低了槽轮机构的平均角加速度，改善了槽轮机构的动力学特性。

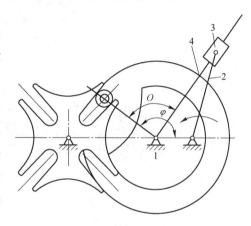

附图 1-13 槽轮机构与导杆机构

应用说明：槽轮机构动力性能较差，但若将一个转动导杆机构串联在槽轮机构之前，则可改善槽轮机构的动力性能。

设计要求：（1）合理设计转动导杆机构与槽轮机构的相对位置，降低槽轮机构的平均角加速度；（2）分析槽轮机构的动力学特性（画出角速度和角加速度变化曲线）。

附录二　机构的建模、仿真和参数化设计的实例介绍
铸锭送料机构

（1）根据所搭建的机构（如附图 1-1 所示）尺寸在 ADAMS 中建模，进行运动仿真（如附图 2-1 所示）。

1）按照已有尺寸创建各个构件；

2）在各个构件联接处创建运动副（包括转动副、移动副）；

3）在滑块上施加驱动力；

4）点击［INTERACTIVE SIMULATION CONTROLS］键，按［start］开始仿真。

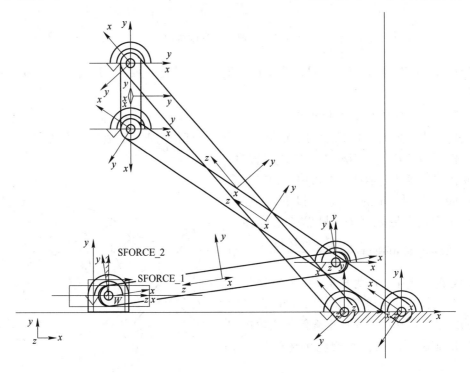

附图 2-1　运动仿真图

（2）所建机构模型没有错误后，点击［PLOTTING］键进入 ADAMS/POSTPROCESSER 界面（数据后处理），观察机构各个构件运动的情况。对该机构的设计要求：铸锭送料距离大于液压缸行程的 3 倍，加载两个对应构件在水平方向上的位移（如附图 2-2 所示），图中实线代表滑块在水平方向的位移，虚线代表铸锭送料距离，可以看出该机构满足设计要求。

（3）然后对机构进行参数化设计，通过建立设计变量，将机构中点的坐标参数化，进而改变机构的运动特性。

附图 2-3 中实线表示滑块的行程，三条虚线分别为将 B 点横坐标改为−310mm、−320mm

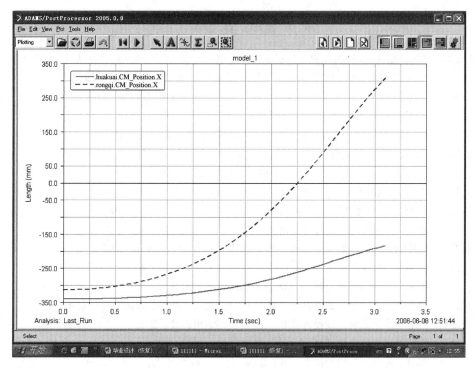

附图 2-2　构件运动曲线

和-325mm 时的盛料器行程曲线，由图可以看出盛料器横坐标越小，其行程放大倍数越大。

（4）完成实验报告。

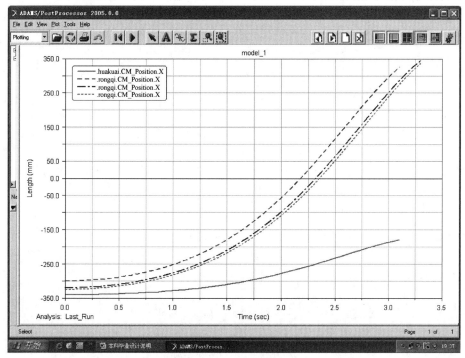

附图 2-3　运动特性优化

参 考 文 献

［1］ 范元勋，梁医，张龙，等. 机械原理与机械设计［M］. 2 版. 北京：清华大学出版社，2020.

［2］ 赵鹏飞. 机械原理与机械设计实验指导书［M］. 北京：机械工业出版社，2019.

［3］ 周晓玲. 机械原理与机械设计实验指导书［M］. 北京：化学工业出版社，2014.

［4］ 高志，黄纯颖. 机械创新设计［M］. 2 版. 北京：高等教育出版社，2010.

［5］ 张美麟，张有忱，张莉彦. 机械创新设计［M］. 2 版. 北京：化学工业出版社，2010.

［6］ 曹凤红. 机械创新设计与实践［M］. 重庆：重庆大学出版社，2017.

［7］ 王毅，程强. 机械设计基础［M］. 北京：电子工业出版社，2015.

［8］ 孙桓，葛文杰. 机械原理［M］. 9 版. 北京：高等教育出版社，2021.

［9］ 张有忱，张莉彦. 机械创新设计［M］. 2 版. 北京：清华大学出版社，2018.

［10］ 于惠力，冯新敏. 机械创新设计与实例［M］. 北京：机械工业出版社，2017.

［11］ 高进. 工程技能训练和创新制作实践［M］. 北京：清华大学出版社，2012.

［12］ 卢耀祖，郑惠强. 机械结构设计［M］. 上海：同济大学出版社，2004.

［13］ 丁晓红. 机械装备结构设计［M］. 上海：上海科学技术出版社，2018.

［14］ 濮良贵，陈国定，吴立言. 机械设计［M］. 10 版. 北京：高等教育出版社，2019.

［15］ 李瑞琴. 机电一体化系统创新设计［M］. 北京：科学出版社，2005.

［16］ 吴建平. 传感器原理及应用［M］. 北京：机械工业出版社，2008.

［17］ 宋文绪，杨帆. 传感器与检测技术［M］. 2 版. 北京：高等教育出版社，2009.

［18］ 柳洪义，罗忠，王菲. 现代机械工程自动控制［M］. 北京：科学出版社，2008.

［19］ 杨家军. 机械系统创新设计［M］. 武汉：华中科技大学出版社，2000.

［20］ 陈长生，周纯江. 机械创新设计实训教程［M］. 北京：机械工业出版社，2017.

［21］ 邹慧君，颜鸿森. 机械创新设计理论与方法［M］. 2 版. 北京：高等教育出版社，2018.